漫畫版

改造受損、毛躁、自然捲髮質！

在家靠基本保養也能擁有

柔亮秀髮

監修 UMiTOS 砂原由彌

漫畫 Pepuri

楓葉社

Prologue
咚…
行李差不多都整理好啦～
伸～～
神谷里美（32）
上班族

謝謝光臨!!
斜對面是美髮店啊…
大家的頭髮都柔亮又好看，真羨慕啊～
我也想變成那樣…
但是最近工作很多、又要搬家，忙到都沒時間保養頭髮…
步履
蹣跚
……

以前……
擁有一頭柔亮長髮是我身上為數不多還能感到自豪的一點才對……
パサ
※乾燥
結果現在每天都在為受損髮質煩惱……
啊，分岔了……
薬
ドラッ
処方せん
想改善髮質首先要找○○洗髮精和△△護髮霜……
這些都是在社群媒體上討論度很高的產品！

唔～～嗯…
※撞上！
對、對不起…！
啊
咦！
妳是那間美髮店的設計師…！
哎呀！妳知道我嗎？
我看妳選了很多美髮產品呢！
是、是啊…

看樣子妳好像很苦惱呢…
其實現在流行的是簡單護理頭髮喔！
咦？那是什麼啊…
首先要想好妳的理想目標，再慎選使用的美髮產品，會比較好喔！
有任何問題，都歡迎來我的美髮店找我！
UMITOS
砂原由彌
Yoshimi Sunahara
里美姊姊，搬家辛苦啦～
神谷優里（26）
插畫家
里美的妹妹
熊切由美（38）
律師
里美的姊姊
我帶了喬遷禮來唷～
謝謝妳們～

頭髮的煩惱真是層出不窮耶~
我懂。
隨著年齡增長或邁入新的人生階段時，總覺得以前的保養方式變得不太適合…
真不知道該怎麼辦才好……
啊！對了…
名片
我家斜對面有間感覺很棒的美髮店，裡面的設計師還跟我說有任何頭髮相關的煩惱都可以找她詢問…
咦!?
這個人很有名耶！是妝髮造型的專家！
她負責替很多當紅藝人做造型！
據說她能靠頭髮幫人改變人生！
號稱頭髮守護神
事不宜遲！我們三個現在就一起去看看吧！
走吧！
咦——！

CONTENTS

登場人物介紹

神谷
三姊妹

次女

神谷里美

三姊妹中的次女，在公司擔任總務。因髮質受損及乾燥，頭髮總是蓬亂毛躁。最近很在意分岔的頭髮及白髮。

長女

熊切由美

三姊妹中的長女，職業是律師；已婚，並育有3歲和1歲的孩子。從以前就是細軟髮，最近髮量開始變少，有頭髮扁塌的煩惱。

三女

神谷優里

三姊妹中的么女，自由接案的插畫家。苦於嚴重的自然捲，從學生時期就一直在做縮毛矯正。

小林大輝

和砂原小姐在同一間美髮店工作的美髮師。具有豐富的美髮產品成分及藥劑的相關知識，砂原小姐擔任講師時也會隨同前往。

砂原由彌

專攻形象設計美容，擔任大學及研討會講師，同時以美髮師及妝髮造型師身分活躍於業界。與里美偶遇後，開始提供里美等人頭髮相關的諮商。

CHAPTER 1

大家都能
讓頭髮變漂亮！
保養頭髮的基本知識

日常生活中，

我們通常會隨意洗髮、吹髮；

但其實讓頭髮更亮麗的捷徑，

就在於重新檢視這些基本步驟。

別忘了！洗澡前還有重要的保養程序⋯⋯

episode. 01

頭髮保養和頭皮保養是不一樣的嗎!?

叮鈴♪
您好~
點頭
眼睛一亮!
哎呀!是上次在商店遇見的⋯⋯歡迎光臨~
和各位重新自我介紹一下⋯我是砂原!!關於頭髮的事都可以問我喔!!
大家不用那麼拘謹沒關係~
請、請多指教。
我是里美。
我是妹妹優里♡
我是姊姊由美!

那麼大家有哪些頭髮上的困擾呢？
這個嘛……我們各自的煩惱都不太一樣……
里美的煩惱
・頭髮損傷及乾燥
・頭髮蓬亂毛躁
蓬
亂
還有，最近發現有白頭髮……心理大受打擊……
優里的煩惱
・自然捲很嚴重
我從學生時期起就只能一直去做縮毛矯正……
真正的面貌…
捲曲
亂翹
由美的煩惱
・頭髮很細、容易扁塌
扁扁塌塌ー
最近還感覺髮量變得很稀疏……
請問要怎麼保養頭髮才好呢？

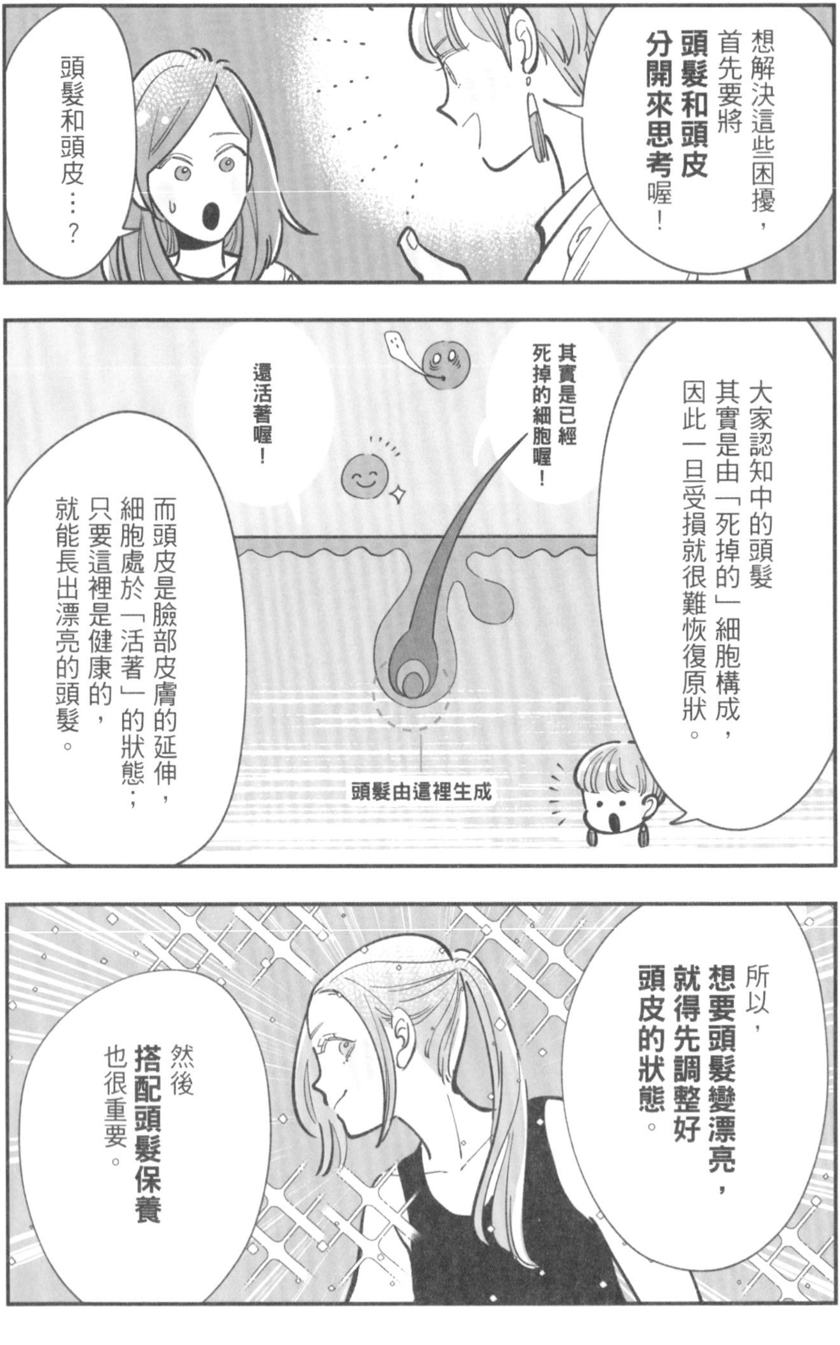
想解決這些困擾，首先要將**頭髮和頭皮分開來思考**喔！
頭髮和頭皮…？
大家認知中的頭髮其實是由「死掉的」細胞構成，因此一旦受損就很難恢復原狀。
其實是已經死掉的細胞喔！
還活著喔！
而頭皮是臉部皮膚的延伸，細胞處於「活著」的狀態；只要這裡是健康的，就能長出漂亮的頭髮。
頭髮由這裡生成
所以，**想要頭髮變漂亮，就得先調整好頭皮的狀態**。
然後**搭配頭髮保養**也很重要。

說到頭皮…只要好好地把頭洗乾淨就可以了吧？
洗頭若洗太乾淨，會過度洗掉頭皮上的皮脂以及常在菌，這樣是不行的喔！
過度清潔造成的問題
・老化　・黏膩　・惡臭
・乾燥　・搔癢　・脫髮
每天洗兩次頭就算是過度清潔了。
驚！
為了保留必要的常在菌，建議的洗頭頻率是夏天一天一次、冬天兩天一次。
Summer
Winter
請問～如果大熱天流很多汗，想要早晚各洗一次的話可以嗎…
非洗不可的話，可以用熱水沖洗頭皮，或用洗髮精搓到稍微起泡！
等一下教妳們清洗方法。

總之，對頭皮最好的方式就是用洗髮精洗淨造型品和一天的髒汙再去睡覺。
確實地保養好根基，就是擁有秀髮的捷徑喔！
要是太忙碌或累到不行，無法顧及頭髮保養時，要怎麼辦呢？
我在工作忙季常常累到虛脫，有時會什麼都沒辦法做就睡著了…
我要不行了~~~
好想睡~~~
虛脫無力
パァァァァ
我明白，工作真是辛苦了！
其實這種時候不用勉強也沒關係喔。
只要稍微做一下頭皮按摩就可以了！
好的、好的。

※ 眼睛發光

這麼說來，妳們就算再累還是會卸掉臉上的妝吧？
啊…是的！
確實如此呢！不少人平常都很認真保養臉部，就算再累也會做最基礎的肌膚保養。
呼～好累呀～
剛剛有提到，頭皮是臉部皮膚的延伸，所以…
啊！也就是說保養頭皮的觀念必須像保養臉部那樣對吧！
沒錯！頭皮也需要像臉部那樣認真地保養喔。
現在我就趕快教大家怎麼正確地保養頭髮吧！
小林來幫我一下——
好——

和頭髮息息相關的頭皮，兩者必須**分開保養**

只針對頭髮保養是不夠的

想要擁有柔亮秀髮，因此總是認真地用護髮素和髮油做保養……先等一下！其實，「只用心保養頭髮」是有極限的。

位於頭皮根部的圓形「毛囊球」內，有所謂的「毛囊幹細胞」，頭髮就是由毛囊幹細胞分裂增殖、變化延伸而來。構造上來說，就像皮膚的皮屑和指甲。我們平常所說的頭髮，都是已經「死掉的細胞」，因此頭髮本身是無法變漂亮的，我們應該關注的是「頭皮」！

頭皮狀態會大幅影響髮質。因為毛囊幹細胞在製造頭髮時，必須從頭皮的微血

會對頭皮造成負面影響的因素

頭皮問題		讓頭皮狀況變差的原因	
・黏膩 ・乾燥 ・氣味不佳 ・老化 ・搔癢	⇐	・虛寒 （血液循環不良） ・紫外線 ・頭皮及毛孔髒汙 ・壓力	・睡眠不足 ・營養不足 ・吸菸 ・過度清潔

頭皮狀況變差，就會長不出漂亮的頭髮。
首先從讓頭皮變健康開始吧！

管中獲取營養。若頭皮狀態不佳而導致毛囊幹細胞營養不足，就會長不出美麗的頭髮。

另一方面，頭皮是臉部皮膚的延伸，因此必須像保養臉部那樣，用心地養護頭皮。

保養頭皮的重點有二：一是促進頭皮的血液循環；二是保持頭皮上常在菌的平衡。

話雖如此，保養頭髮本身並非毫無意義，這也是擁有美麗秀髮的重要一環！不過這點就放到後面再來細細說明。總而言之，最重要的是將頭髮和頭皮區分保養。

總結

頭髮和頭皮不能一概而論，打造優質的頭皮狀態是擁有美麗秀髮的關鍵。

episode. 02

洗澡前梳頭超重要!?

保養頭髮的第一步…

就是洗頭，對吧！
NO NO!!
用洗髮精清洗頭皮前，還有一件事要做喔。
咦!?
Before Bath
其實洗澡前梳頭是很重要的喔！
一起養成洗澡前梳頭的好習慣吧！

請問……
具體要怎麼做啊……？
洗澡前梳頭？
洗澡前好好梳頭可以清除掉大部分的髒汙，這樣一來洗髮精就能更好起泡喔！

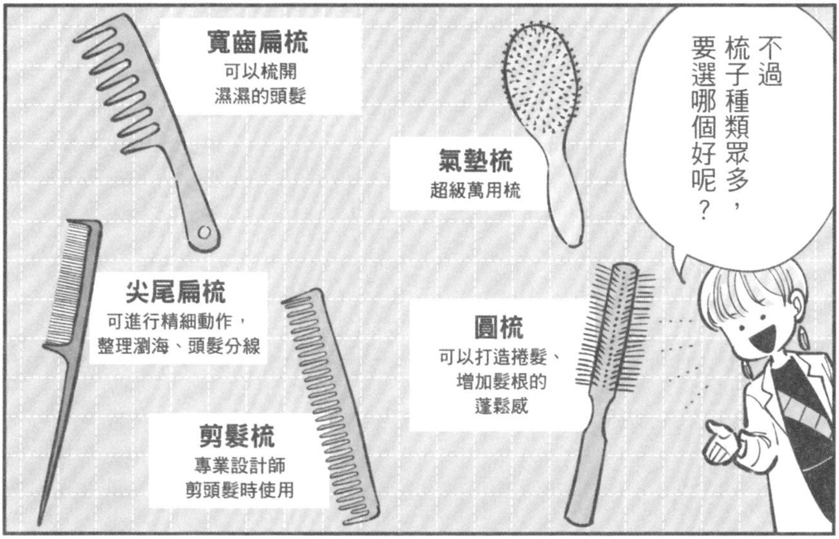
不過梳子種類眾多，要選哪個好呢？
氣墊梳
超級萬用梳
寬齒扁梳
可以梳開濕濕的頭髮
圓梳
可以打造捲髮、增加髮根的蓬鬆感
尖尾扁梳
可進行精細動作，整理瀏海、頭髮分線
剪髮梳
專業設計師剪頭髮時使用

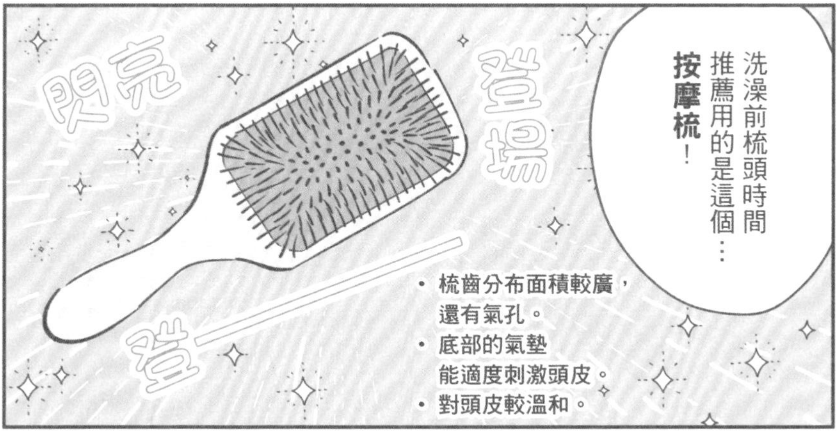
洗澡前梳頭時間推薦用的是這個……按摩梳！
登場
閃亮
登
・梳齒分布面積較廣，還有氣孔。
・底部的氣墊能適度刺激頭皮。
・對頭皮較溫和。

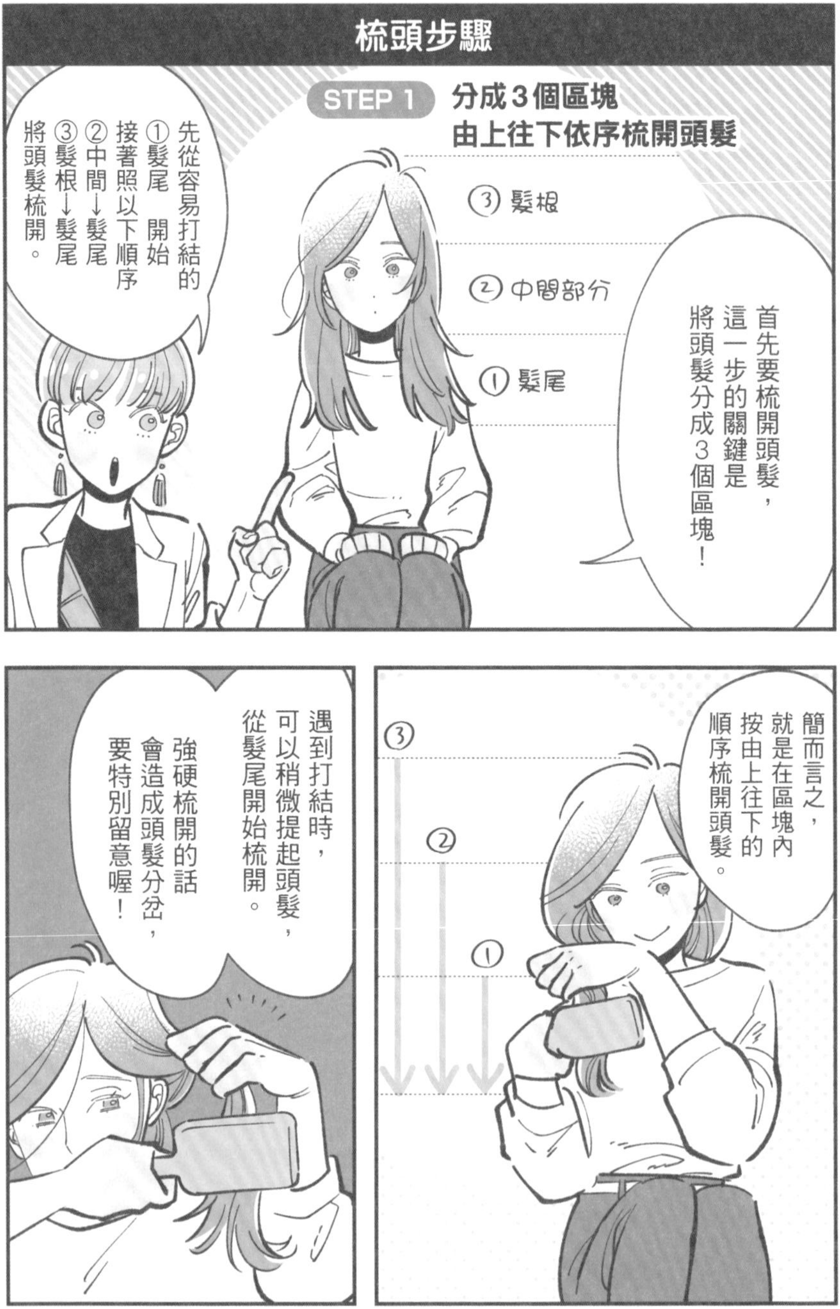
梳頭步驟
STEP 1
分成3個區塊
由上往下依序梳開頭髮
③髮根
②中間部分
①髮尾
首先要梳開頭髮，這一步的關鍵是將頭髮分成3個區塊！
先從容易打結的①髮尾 開始接著照以下順序②中間↓髮尾③髮根↓髮尾將頭髮梳開。
簡而言之，就是在區塊內按由上往下的順序梳開頭髮。
遇到打結時，可以稍微提起頭髮，從髮尾開始梳開。
強硬梳開的話會造成頭髮分岔，要特別留意喔！

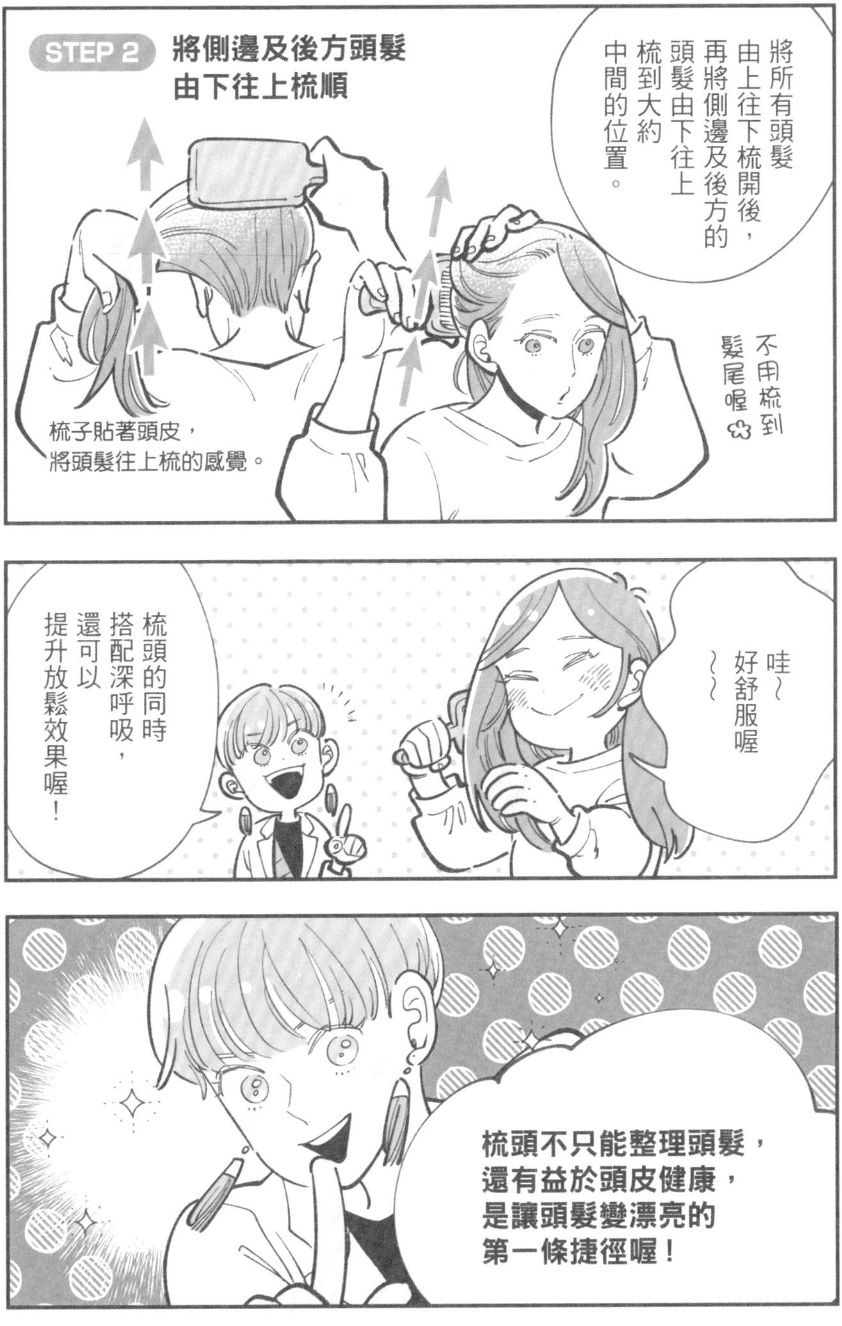
STEP 2 將側邊及後方頭髮由下往上梳順
將所有頭髮由上往下梳開後，再將側邊及後方的頭髮由下往上梳到大約中間的位置。
不用梳到髮尾喔
梳子貼著頭皮，將頭髮往上梳的感覺。
哇～好舒服喔～～
梳頭的同時搭配深呼吸，還可以提升放鬆效果喔！
梳頭不只能整理頭髮，還有益於頭皮健康，是讓頭髮變漂亮的第一條捷徑喔！

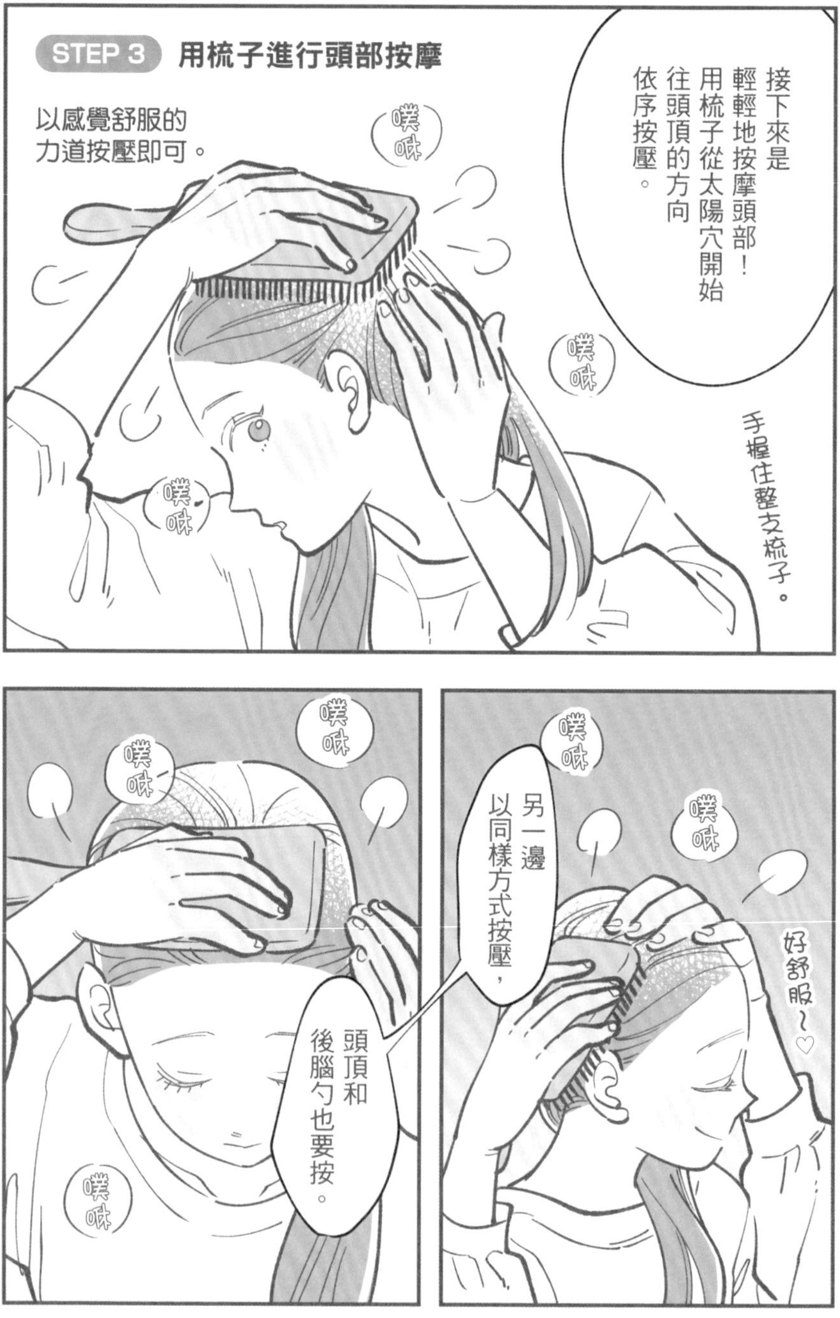
STEP 3 用梳子進行頭部按摩
以感覺舒服的力道按壓即可。
接下來是輕輕地按摩頭部！用梳子從太陽穴開始往頭頂的方向依序按壓。
噗哧
噗哧
噗哧
手握住整支梳子。
噗哧
噗哧
另一邊以同樣方式按壓，
好舒服～♡
噗哧
噗哧
頭頂和後腦勺也要按。
噗哧

接下來要進行拍打。
也就是用梳子輕輕敲打頭部。

STEP 4 用梳子輕拍整個頭部
從太陽穴開始拍打整個頭部～TAP！TAP！
咚
喔喔～

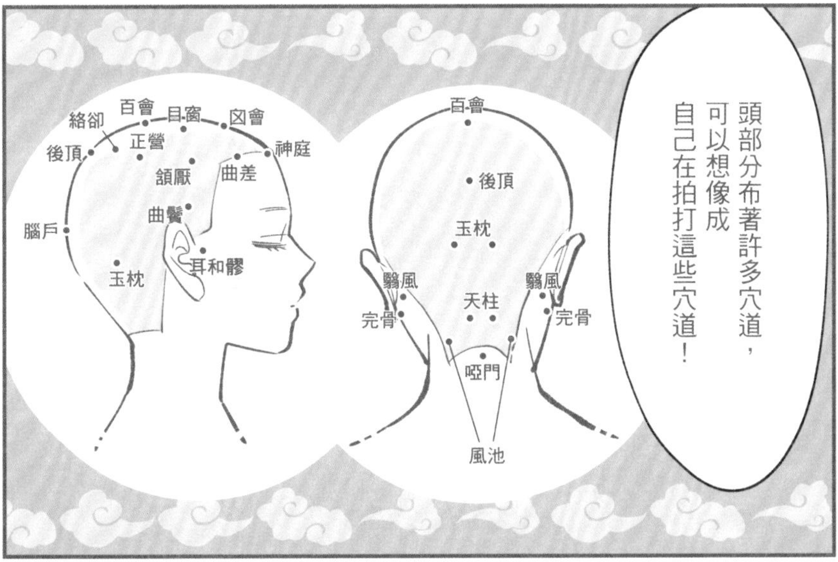
頭部分布著許多穴道，可以想像成自己在拍打這些穴道！
百會
絡卻
目窗
囟會
後頂
正營
神庭
頷厭
曲差
曲鬢
腦戶
耳和髎
玉枕
百會
後頂
玉枕
翳風
翳風
天柱
完骨
完骨
啞門
風池

整個頭變得暖呼呼的耶~
暖
暖

這是因為血液循環變好了！梳頭真的有很多好處喔~

主要的效果有……
光滑
柔順
讓頭髮更有光澤
亮
閃
去除頭髮髒汙
茂
密
促進血液循環
達到育髮效果
滋
潤
讓頭髮出現潤澤感
頭髮更好做造型

而且血液循環變好，也有益於臉部肌膚喔！
光滑
對臉部肌膚的效果
・皮膚變漂亮
・淡化皺紋
・淡化黑眼圈
・減少粉刺、痘痘
・臉部線條更緊實
咦!?皮膚也會變好!?
總而言之，洗澡前就要開始保養頭髮了。
也可以把這段時間當作慰勞自己的時刻喔～
不過洗澡前的保養一定要每天做嗎…？
那時常會手忙腳亂的…
吵吵鬧鬧
呀～～呀
頭皮狀況還可以的話不用勉強，有空再做就好；如果覺得麻煩，也可以一個月一次。
按摩頭皮還有提振精神的效果，推薦大家在月底按摩一下、好好放鬆心情，迎接下個月的到來。

不只洗澡時、洗澡後，洗澡前也要習慣保養頭皮

入浴前就要開始做好洗頭的準備

說到洗澡過程中的頭髮護理程序，一般都會想到「洗澡時」的洗頭、潤髮，以及「洗澡後」的抹護髮油或護髮霜等。

不過，這裡要介紹大家一個新觀念——「洗澡前」就要開始做保養。具體而言要做什麼呢？答案就是「梳頭」。

應該不少人只會在睡醒出門前梳一次頭。想必在大家的印象中，梳頭只是為了梳開打結的頭髮、理順睡醒後亂翹的頭髮，或是整理出漂亮的髮型等等。

其實，梳頭不只有這些功能，還具有按摩的效果。梳頭髮時將梳子貼著頭皮，

可以同時促進血液循環，有助於在洗澡時達到放鬆的效果。此外，梳頭還能改善頭皮環境、防止脫髮及頭髮稀疏，並且有益於與頭皮相連的臉部肌膚。不僅如此，頭部有許多可以調節自律神經的穴道，藉由梳頭來按摩頭皮，還可以釋放壓力、放鬆心情等，可說是好處多多。

梳開頭髮的同時，也能清除卡在頭髮上的灰塵、落髮、頭皮屑等髒汙，很適合作為洗頭前的前置作業。梳開打結處，沖洗頭髮時水流也會比較容易流到頭皮上，在搓泡泡前預先清洗乾淨。之後只要取用適量的洗髮精，就能充分起泡、將頭皮表面及毛孔中的髒汙確實洗淨。

不過要注意一點，強硬地梳開打結的頭髮是ＮＧ行為！請各位找一個空閒的日子，試試方才介紹的「正確」梳頭法吧。

分開選用用於頭髮和頭皮的梳子

梳子的種類百百種，應該很多人不知道要選擇哪一款吧？其實挑選梳子的重點，是要區分出「頭皮用」和「頭髮用」的梳子。

「洗澡前梳頭」注重的是清除頭髮髒汙及按摩頭皮的功能，因此適合選擇頭皮用的梳子——按摩梳。按摩梳的氣墊部分有氣孔，可藉此排出空氣、達到緩衝效果，溫和地刺激頭皮。

那麼，如果是出門前要整理造型，選擇哪種頭髮用的梳子比較好呢？用按摩梳當然也沒問題，不過這時更推薦使用以野豬或家豬等動物毛製成的鬃毛梳。動物毛帶有油脂，在梳理頭髮時可以防止靜電。鬃毛梳也有氣墊款，可以分散頭髮上的力量，避免斷髮等損傷。

另外，梳頭後還會增加頭髮的光澤感。因為梳頭時，會將髮根周圍由頭皮分泌的皮脂帶到髮尾，讓頭髮整體變得滋潤柔亮。

推薦的梳子有這些！

濕髮用

寬齒扁梳

濕髮狀態的時候，頭髮容易受損，建議使用梳齒較寬的梳子。

YS-603／Y.S.PARK

頭髮用

鬃毛梳

不容易造成靜電，可以增加頭髮光澤，適合做造型。嚴禁碰水！

豬鬃氣墊梳／Mason Pearson

頭皮用

按摩梳

具有氣墊作為緩衝，因此不會傷到頭皮，適合用於按摩頭皮。

按摩梳／AVEDA

不過，如果在皮脂分泌不足的狀態下梳頭，就會產生摩擦、造成頭髮表面的角質層受損。擔心頭髮乾燥的話，在梳髮時使用專用精華素等會更安心。

要注意的是，太頻繁梳頭會造成過度摩擦，這也是NG行為喔！

以一天3次的頻率，在洗澡前、就寢前、起床後梳頭就可以了。

總結

善用3種不同的梳子，養成溫柔呵護頭皮和頭髮的習慣吧。

episode. 03

頭皮和頭髮如何正確清洗？

下一步是…

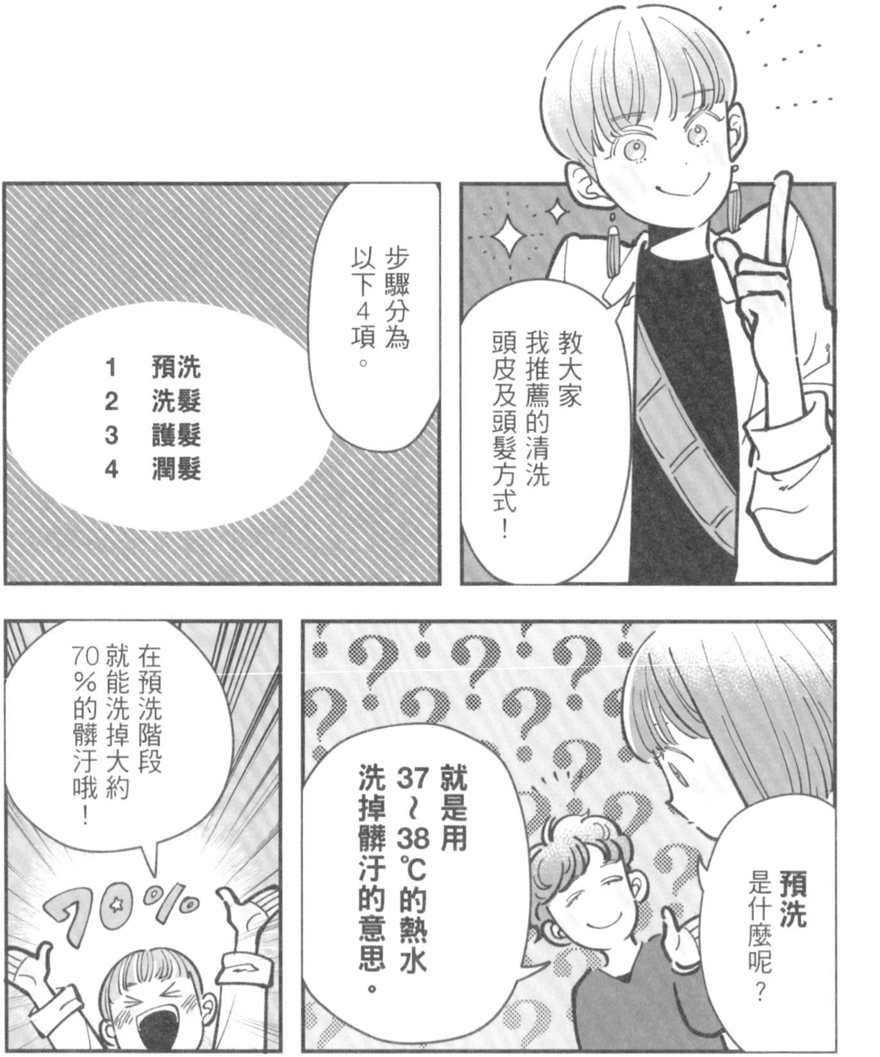
教大家我推薦的頭皮及頭髮清洗方式！
步驟分為以下4項。
1 預洗
2 洗髮
3 護髮
4 潤髮
預洗是什麼呢？
就是用37～38℃的熱水洗掉髒汙的意思。
在預洗階段就能洗掉大約70%的髒汙哦！
70%

預洗步驟
首先就來說明預洗的步驟吧！
STEP 1 從後腦勺開始沖熱水
・後腦勺的髮量最多，易有異味、累積髒汙，從這裡開始清洗可防止枕頭留下異味及汗漬。
・後腦勺分布著自律神經，沖洗這裡還能達到放鬆效果。
這裡
將熱水集中在手心，以接水沖洗的方式清洗重點區域。
不是從頭頂開始嗎!?
頭頂的髮量比較少，從頭頂就開始沖熱水的話，可能會造成頭髮稀疏喔！

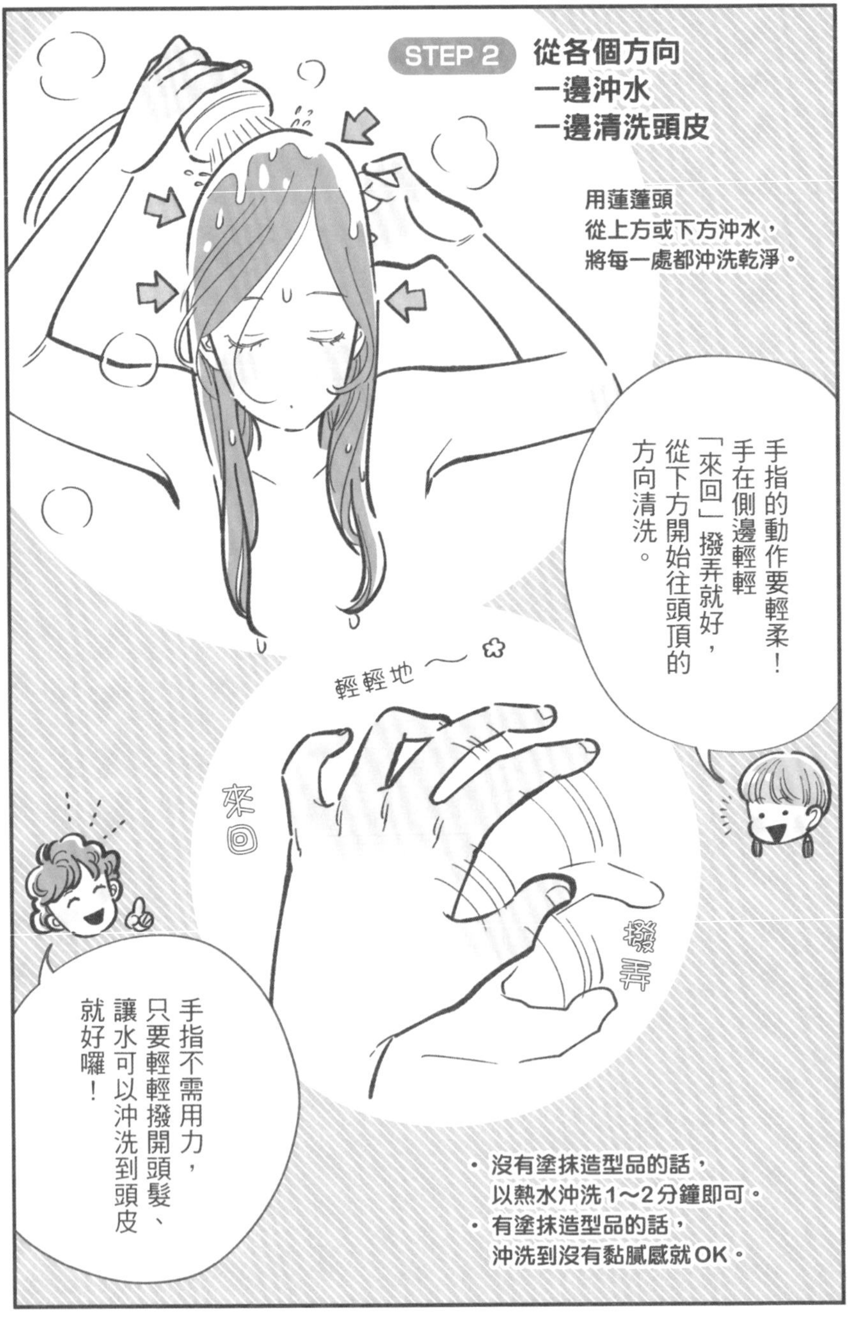
STEP 2 從各個方向
一邊沖水
一邊清洗頭皮
用蓮蓬頭
從上方或下方沖水，
將每一處都沖洗乾淨。
手指的動作要輕柔！手在側邊輕輕「來回」撥弄就好，從下方開始往頭頂的方向清洗。
輕輕地～
來回
撥弄
手指不需用力，只要輕輕撥開頭髮、讓水可以沖洗到頭皮就好囉！
・沒有塗抹造型品的話，
以熱水沖洗1～2分鐘即可。
・有塗抹造型品的話，
沖洗到沒有黏膩感就OK。

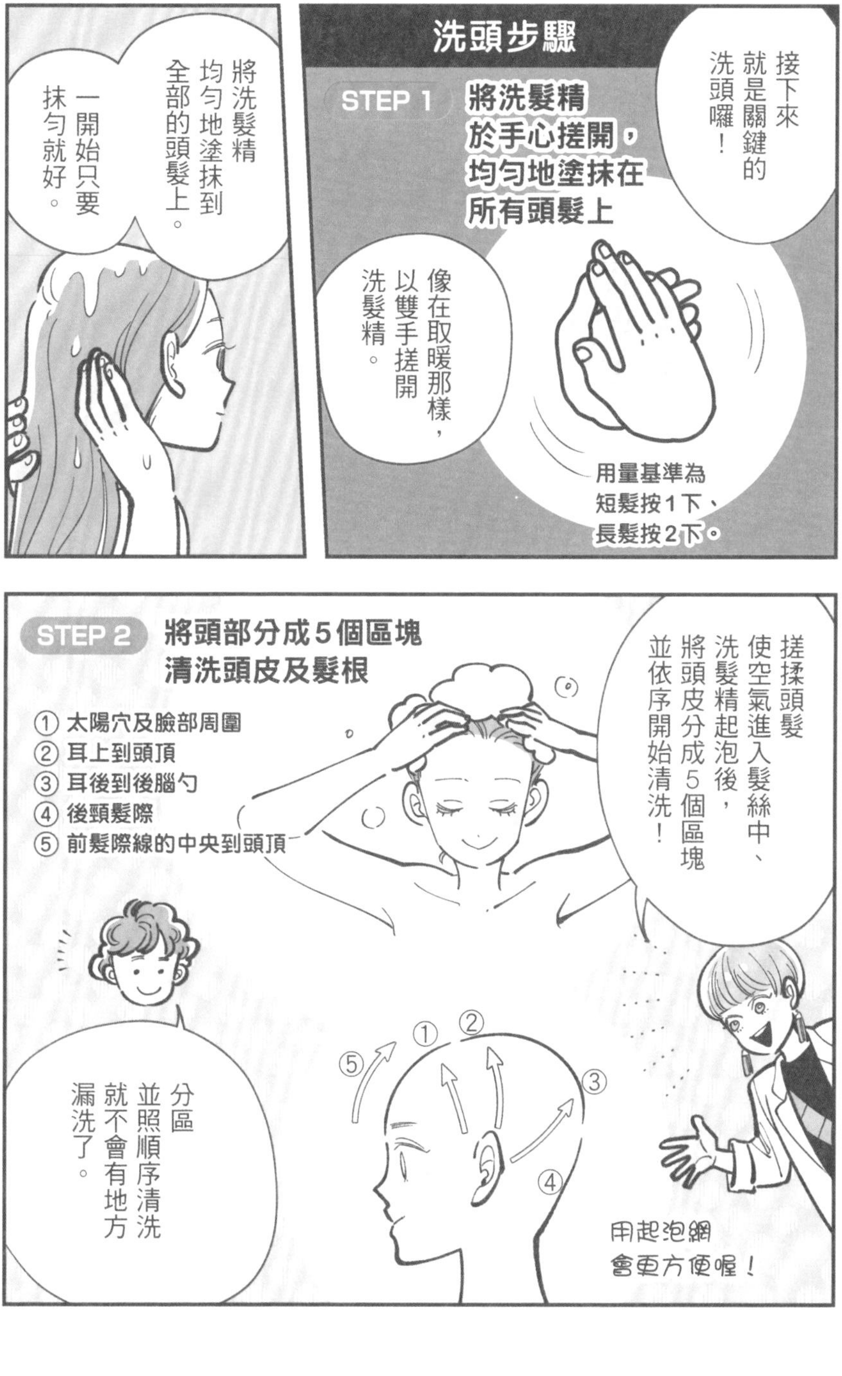
洗頭步驟
接下來就是關鍵的洗頭囉！
STEP 1 將洗髮精於手心搓開，均勻地塗抹在所有頭髮上
像在取暖那樣，以雙手搓開洗髮精。
用量基準為短髮按1下、長髮按2下。
將洗髮精均勻地塗抹到全部的頭髮上。
一開始只要抹勻就好。
STEP 2 將頭部分成5個區塊清洗頭皮及髮根
① 太陽穴及臉部周圍
② 耳上到頭頂
③ 耳後到後腦勺
④ 後頸髮際
⑤ 前髮際線的中央到頭頂
搓揉頭髮使空氣進入髮絲中、洗髮精起泡後，將頭皮分成5個區塊並依序開始清洗！
分區並照順序清洗就不會有地方漏洗了。
①
②
③
④
⑤
用起泡網會更方便喔！

以食指、中指、無名指
這三根手指的指腹，
用之字形方式
由下方開始往頭頂清洗。
※請用指腹
※不要用指甲
之字形
這個步驟要重複2次！

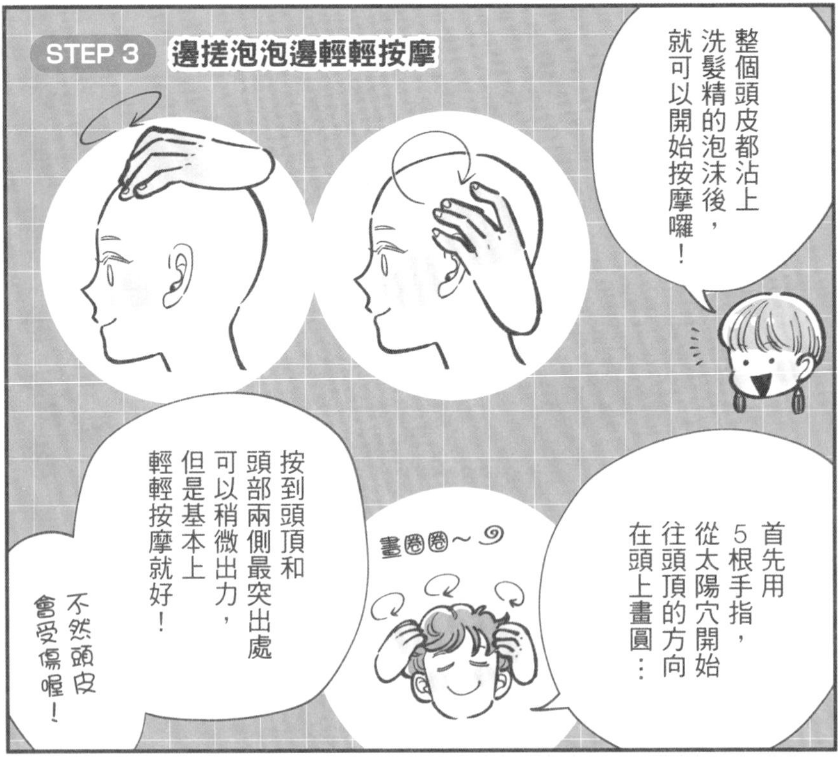
STEP 3 邊搓泡泡邊輕輕按摩
整個頭皮都沾上
洗髮精的泡沫後，
就可以開始按摩囉！
首先用
5根手指，
從太陽穴開始
往頭頂的方向
在頭上畫圓…
畫圈圈～
按到頭頂和
頭部兩側最突出處
可以稍微出力，
但是基本上
輕輕按摩就好！
不然頭皮
會受傷喔！

STEP 4 讓洗髮精泡沫充分融入頭髮中

接著用搓出來的泡沫好好清洗頭髮！
雖說是清洗，但可以想像成讓泡沫輕輕融入頭髮中的感覺。
洗髮精可以帶走頭皮的髒汙和殘留的造型品；即使沒用造型品，也可以利用洗頭時流下的泡沫帶走頭髮上的髒汙。
充分融合後，將泡沫瀝掉再進行沖洗。
擠

STEP 5 沖掉洗髮精
・將熱水集中在手心，以接水沖洗的方式從後頸髮際往頭頂方向沖洗整個頭部。
・沖洗到沒有黏滑的感覺就OK。
接水沖洗
嘩啦啦啦啦——
藉由接水沖洗，讓熱水沖洗到各個角度。
最後再沖洗一次容易殘留髒汙的後頸髮際和耳後！將蓮蓬頭靠著頭皮充分地清洗乾淨。
後頸髮際要認真洗。

和預洗時一樣，重點在於要從後頸髮際開始依序沖洗。
因為這裡最容易殘留泡沫～
泡沫殘留會產生異味，對頭皮也會有不好的影響喔！

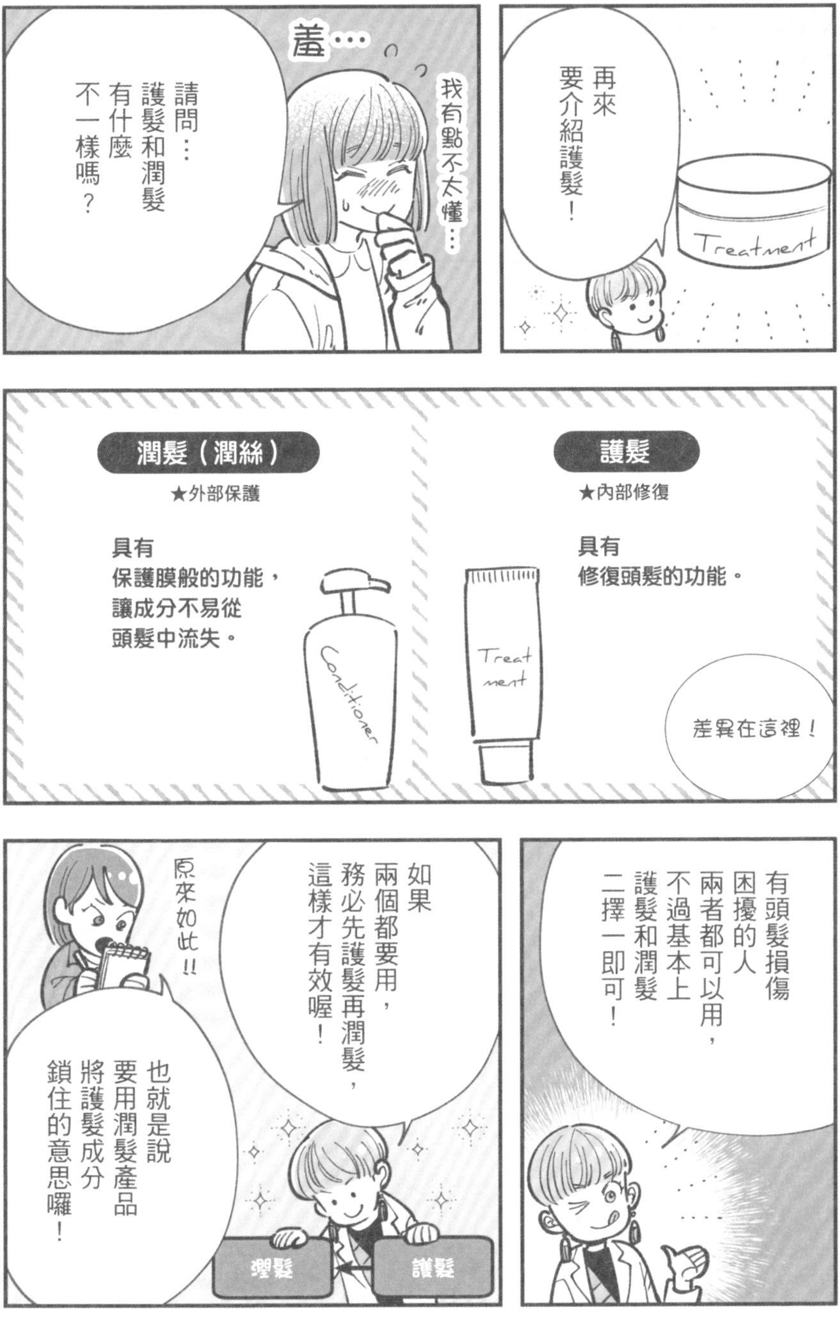
再來
要介紹護髮！
Treatment
請問…
護髮和潤髮
有什麼
不一樣嗎？
羞…
我有點不太懂…
護髮
★內部修復
具有
修復頭髮的功能。
Treat
ment
差異在這裡！
潤髮（潤絲）
★外部保護
具有
保護膜般的功能，
讓成分不易從
頭髮中流失。
Conditioner
有頭髮損傷
困擾的人
兩者都可以用，
不過基本上
護髮和潤髮
二擇一即可！
如果
兩個都要用，
務必先護髮再潤髮，
這樣才有效喔！
原來如此!!
也就是說
要用潤髮產品
將護髮成分
鎖住的意思囉！
護髮
潤髮

護髮步驟

只抹髮尾！

STEP 1 **擰乾水分後，將護髮霜塗抹在髮尾**

- 從髮尾開始往上輕輕塗抹，慢慢地塗抹均勻。
- 不用抹到頭皮，髮尾做好護髮即可。（有的護髮產品可抹到頭皮。）

輕柔地
搓揉
搓揉

STEP 2 **由上往下將護髮霜揉進頭髮中**

- 髮尾塗抹均勻後，每次取少量髮束，用指尖由上往下搓揉，將護髮霜揉進頭髮中。

頭髮的角質層是向下展開的，關鍵是由上往下搓揉，才能將護髮成分鎖在頭髮中！

受損的頭髮

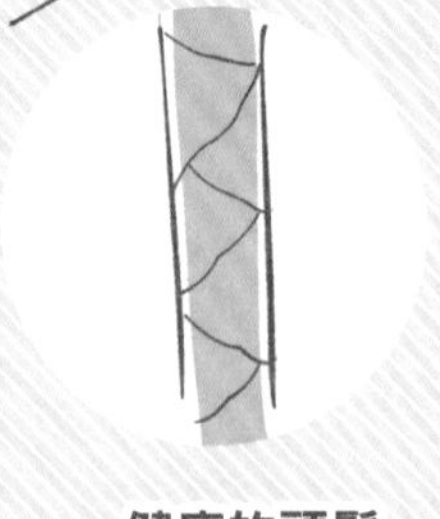

健康的頭髮

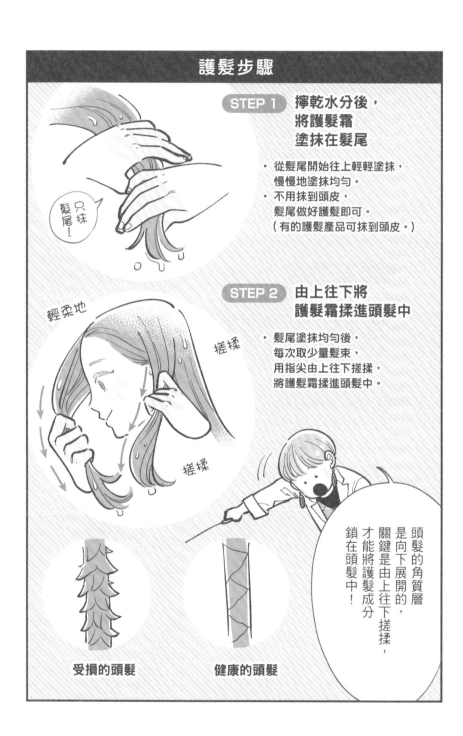

STEP 3 用扁梳將頭髮梳開
・使用梳齒較寬的扁梳。
・用梳子將沾附在表面上的護髮霜均勻地帶到整體頭髮。
這個步驟也要考慮到角質層的方向，必須由上往下梳！
要將護髮霜均勻地帶到每根頭髮上喔！
護髮霜可以馬上沖洗掉嗎？
可以抹好後靜置數分鐘，或是用毛巾包裹一陣子，馬上沖洗掉也OK。
基本上只要照著品牌方的建議方式進行即可～
沖洗方式在43頁！

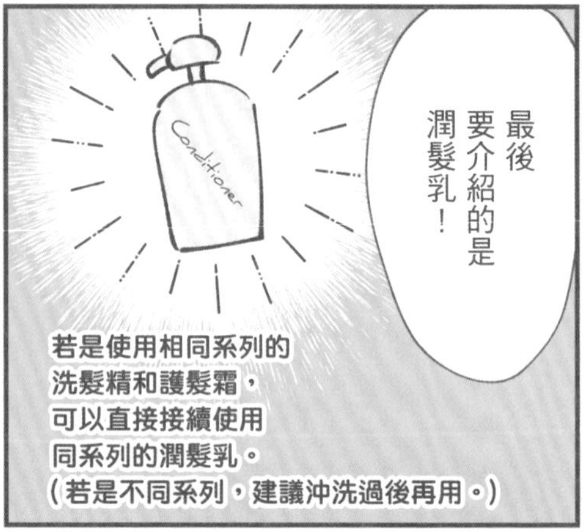
最後
要介紹的是
潤髮乳！
Conditioner
若是使用相同系列的
洗髮精和護髮霜，
可以直接接續使用
同系列的潤髮乳。
（若是不同系列，建議沖洗過後再用。）

潤髮乳會影響
頭髮吹乾後的質感，
注意不要塗太多喔！
塗太多的話
會濕濕黏黏的。

※濕黏

潤髮步驟

擰乾水分，
在髮尾抹上潤髮乳
不用抹到頭皮，
抹髮尾就好。
好的——
有頭髮受損和毛躁
困擾的人，
可以用和護髮霜
相同的方式搓揉。
輕柔地
搓揉
搓揉

將護髮霜／潤髮乳沖洗乾淨

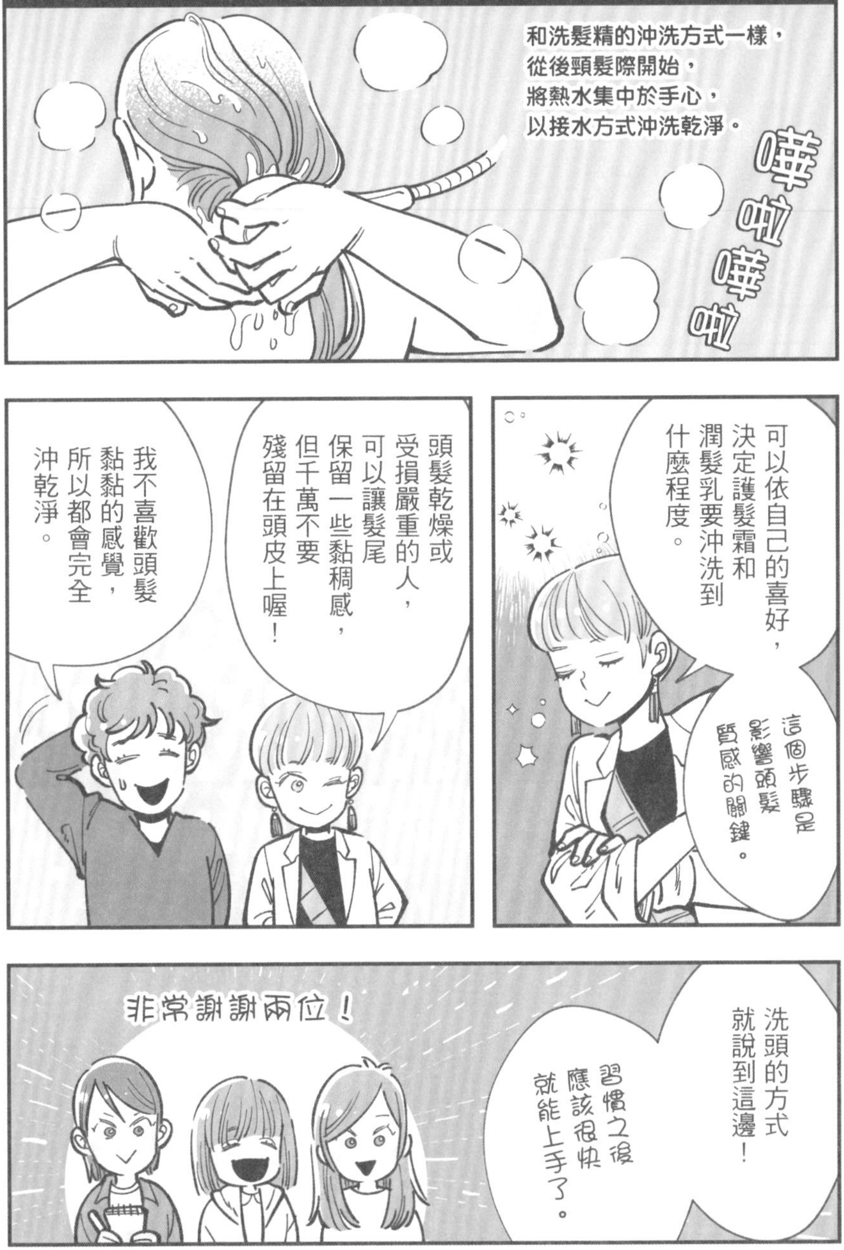
和洗髮精的沖洗方式一樣，
從後頸髮際開始，
將熱水集中於手心，
以接水方式沖洗乾淨。
嘩啦嘩啦
可以依自己的喜好，決定護髮霜和潤髮乳要沖洗到什麼程度。
這個步驟是影響頭髮質感的關鍵。
頭髮乾燥或受損嚴重的人，可以讓髮尾保留一些黏稠感，但千萬不要殘留在頭皮上喔！
我不喜歡頭髮黏黏的感覺，所以都會完全沖乾淨。
洗頭的方式就說到這邊！
習慣之後應該很快就能上手了。
非常謝謝兩位！

我還想問…
現在市面上有很多洗髮精、護髮霜等產品可以選擇，
請問有沒有比較推薦的產品呢？
像是針對乾燥或頭髮稀疏問題的…
這個嘛…我個人認為不要對產品抱有高度期待比較好喔。
很可惜，這世上沒有魔法產品，不可能「用了這款洗髮精，就絕不會頭髮受損！」
而且頭髮本來就是已經死掉的細胞，一旦頭髮受損，是無法靠護髮產品復活的。
Magic
所以平常就實踐正確的梳頭和洗頭方式，藉此打造健康的頭皮，反而更有效喔！
也就是說不要過度依賴這些產品對吧！
握！

其實沒有使用造型品的話，在預洗階段就能清洗掉大部分的髒汙了。
只有預洗也OK！
尤其是染髮的人，用洗髮精清洗會容易掉色，平常只要預洗再搭配護髮霜、兩天用一次洗髮精就可以囉！
2天1次洗髮精！
如果不用洗髮精就覺得心裡不踏實、感覺頭髮癢癢的，當然還是可以每天使用洗髮精。
這麼看來，適合自己生活的保養方式就是最好的呢。
沒錯！畢竟勉強去做也難以養成習慣，還會造成壓力。
如果還是對洗護產品和清洗方式有疑問，也可以去詢問附近的美髮店喔！
美髮店專賣的產品價格會比藥妝店等市面上的通路高，但是效果也會反映在價格上。
我們會常來詢問砂原小姐的！

洗護產品好多種，要如何挑選呢？

可以與熟悉您髮質的設計師討論

「這種礦泥洗髮精可以改變髮質！」「這款洗後護髮油會讓頭髮更滑順！」看了各種社群上的分享而心動購入的產品，最後的下場都是沒用完又買其他的……應該不少人有這種經驗吧。

嘗試各種產品時，心情肯定會相當雀躍。雖然不想潑冷水，但還是要告訴大家一件事：**選擇洗護產品時，切記不要過度依賴或抱有過高的期待。**

保養頭髮最重要的步驟，就是剛才在漫畫中向大家介紹的「預洗（預先沖洗）」。在這個階段就可以洗掉大約7～8成的髒汙。如果沒有使用造型品的話，甚至可以單純預洗就好。

總之，重新檢視預洗步驟後，釐清自己的髮質問題，確認想要的髮型，再來精選出必要的洗護用品吧！比起每種產品都用看看，花點時間試試CHAPTER2介紹的特殊保養方法，效果會更好。話雖如此，要從眾多產品中選出最適合自己的，還是相當困難呢。因此，在此我要告訴各位幾個挑選重點。

基本上，最好使用同一系列的洗髮精和護髮產品。因為同系列的產品通常經過品牌方設計，搭配使用時能產生最佳效果。另外，初期使用量建議先按照產品包裝上的說明來使用。

若常去的美髮店中有固定指名的設計師，對方一定很瞭解你的髮質和頭髮困擾，這時詢問設計師的意見也是個不錯的方法。美髮店的專賣產品雖然售價比藥妝店的還高，但是品質通常相對較高。試用過後感覺還不錯的話，就問問設計師吧！

挑選產品時，若五感都在告訴自己「感覺不錯」，就是個很重要的指標。在網路上搜尋各種洗護用品的好壞成分，很容易腦袋打結、無法抉擇；而且即使用了再好的成分，只要香氣和洗後感受不是自己喜歡的，就稱不上是舒適的保養。

若還是想瞭解成分的話，也可以參考49頁的分類。

隔天早上就能知道新產品是否適合自己

我經常被問到：「要怎麼判斷這個產品適不適合自己呢？」答案是「**隔天早上就能知道了**」！隔天早上起床照鏡子時，如果覺得「頭髮狀態看起來好像很好！」大致上就能斷言這是適合你的產品喔。接著，可以再依幾個頭髮困擾為依據，例如：髮尾是否散開、頭髮是否乾燥、頭髮是否有彈性等，來做重點確認。

不過，有時就算覺得「這個產品不適合」，還是會捨不得丟掉吧？這種時候，可以觀察自己的頭髮「缺少什麼」。覺得乾燥的話，可以在吹整前補充髮油或護髮霜；沖洗完覺得不夠清爽，可以調整洗髮精的用量，或是再次確認預洗步驟。話雖如此，還是希望各位盡量避免這樣的狀況，因此**如果有喜歡的產品，建議可以先拿**

改善捲曲、乾燥、髮量稀疏的成分

自然捲

精胺酸、羊毛脂、神經醯胺、摩洛哥堅果油　等

細軟髮、髮量稀疏

角蛋白、山茶花油、甘油　等

乾燥造成的受損

甘油、神經醯胺3型、膠原蛋白、Lipidure®、蜂蜜、乳油木果油、杏仁油、山茶花油　等

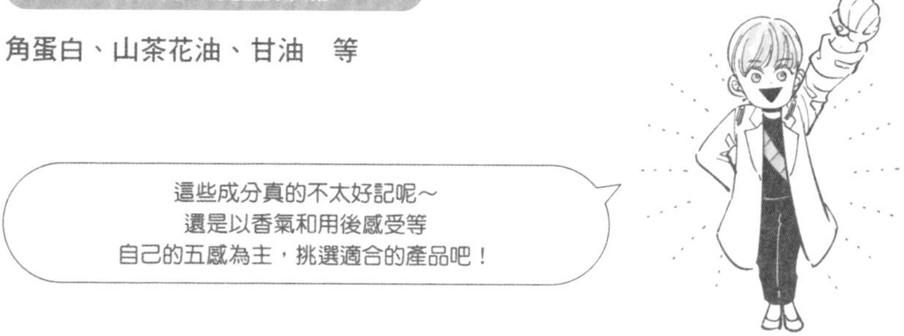
這些成分真的不太好記呢～
還是以香氣和用後感受等
自己的五感為主，挑選適合的產品吧！

樣品試用看看喔！

順帶一提，如果染髮後覺得顏色不如預期，可以用相近色系的補色洗髮精來補色。染亮色系的人建議少用洗髮精、只用清水洗頭，這樣能讓顏色維持得更久。

不過，對很多人來說不用洗髮精洗頭應該滿難做到的，建議平常預洗搭配護髮就好，將洗髮精使用頻率控制在兩天一次，就能讓亮麗髮色更持久了。

總結

試著使用看看五感都感覺很棒的系列產品吧！

episode. 04

擦乾或吹乾頭髮的方式是擁有美麗秀髮的關鍵！

洗好頭髮後，就要擦拭並吹乾啦～！

弄乾頭髮的步驟可分成以下3項。
1 去除水分
2 用毛巾擦乾
3 吹風機吹乾
用錯誤的方法弄乾頭髮，會造成頭髮受損，大家要認真跟著做喔！
說到這個，應該洗完澡就馬上吹乾比較好吧？

放著濕髮不管（自然乾燥）會造成…？

- 角質層容易受損，使頭髮毛躁和損傷。
- 睡醒容易留下壓痕或亂翹。
- 容易產生頭皮屑，頭髮稀疏或落髮。
- 頭皮產生異味及搔癢感。
- 染髮容易掉色。

比起「早點吹乾」，其實有一點更關鍵。
以毛巾擦拭所造成的摩擦和用吹風機吹太久都對頭髮不好，所以一開始的步驟很重要！

瀝水步驟

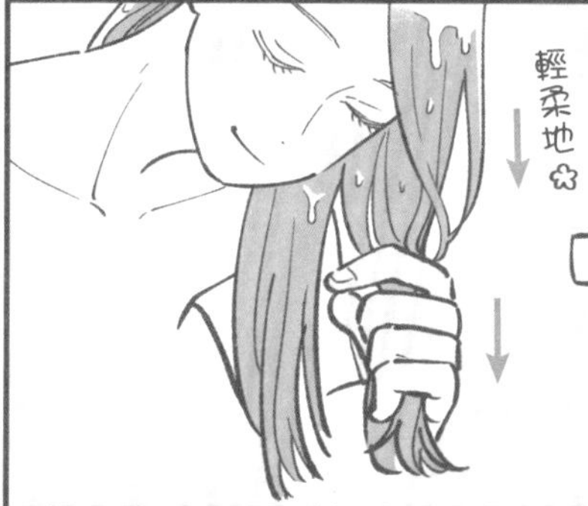
輕柔地

STEP 1 **將頭髮分成一小束，輕柔地握住並擠乾水分**

千萬不要像擰抹布一樣！從上往髮尾方向輕輕捏握即可。
一小束！

STEP 2 **用寬齒扁梳由上往下梳開頭髮，將髮根的水分帶到髮尾**

推薦使用剛剛護髮時介紹的同款寬齒扁梳！

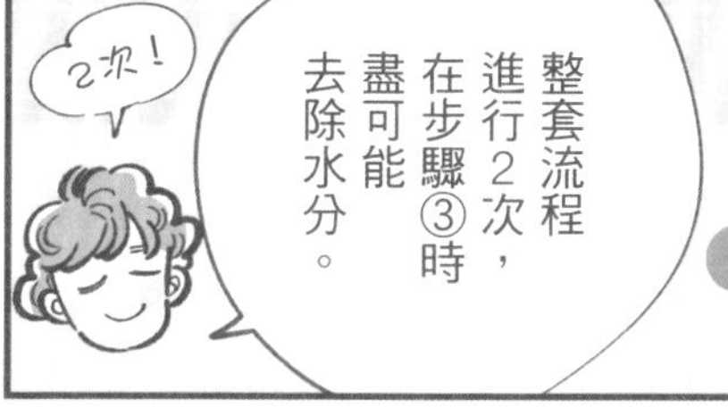
2次！
整套流程進行2次，在步驟③時盡可能去除水分。

STEP 3 **再次用手擠乾水分**

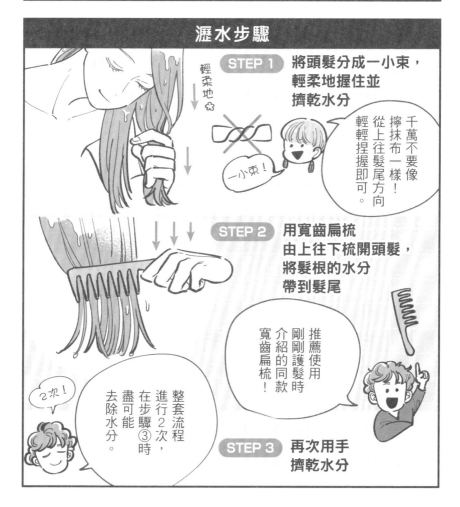

頭髮受損的人在用毛巾擦拭前，可以事先塗抹髮油等洗後護髮產品，頭髮會更好吸收。
洗後護髮產品款式多樣，包含乳霜狀和油狀等，選擇自己想要的質感就好！

擦拭步驟

STEP 1 從後頭髮際開始，用毛巾擦乾頭皮的水分

毛巾輕輕地貼著頭皮，用指腹從後頭髮際開始往頭頂慢慢地移動。

像洗頭時那樣將頭髮分區擦拭，可以將整體水分擦得更乾淨。
長頭髮的人建議分成左右兩邊！

STEP 2 頭髮分成左右兩邊，用毛巾由上往下輕輕地夾住按壓

用毛巾分別夾住左右兩邊的頭髮，從上方往髮尾方向輕輕地按壓。

不可以用力搓揉喔！盡量不要出力擦拭。
長頭髮的人可以在最後把頭髮集中成一束，再做一次步驟②的動作。
用力拍打也是NG行為！要輕柔地夾住擦拭。
NG
long hair

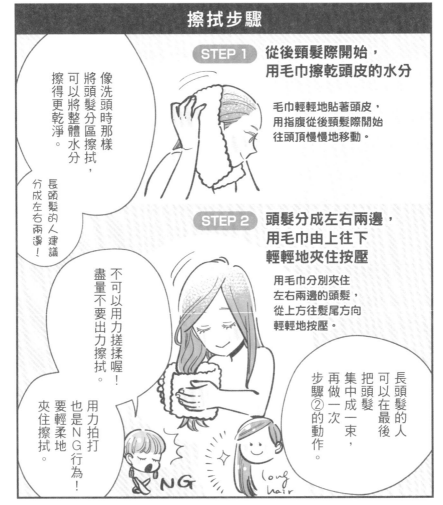

經過上述步驟後，頭髮應該就不會再滴水了！

最後就要來吹乾啦！
使用吹風機的重點
・一開始使用感覺舒適的最低熱風。
・吹風機應距離頭部20公分左右。
・不要集中吹同一個地方，可以小幅度地晃動吹風機。

吹乾步驟

距離約20cm

STEP 1 從瀏海根部開始吹乾

讓風吹到瀏海根部，
先不管分線、
從左右兩側吹。

耳後和後頭髮際的頭髮不容易吹乾，要確實吹到！

STEP 2 吹乾所有髮根

提起頭髮，
小幅晃動吹風機，
從各個角度吹乾髮根。

吹風機從頭頂正上方往下吹就能吹到髮根，不用提起頭髮沒關係！

STEP 3 吹乾頭頂

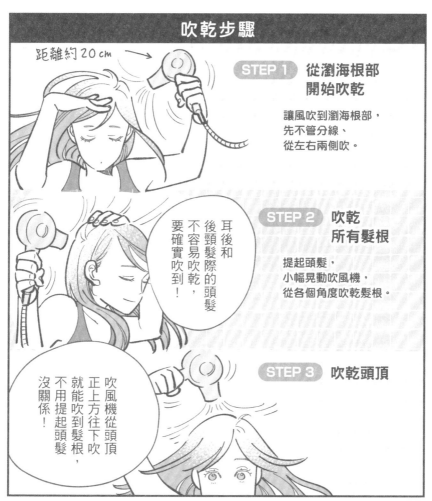

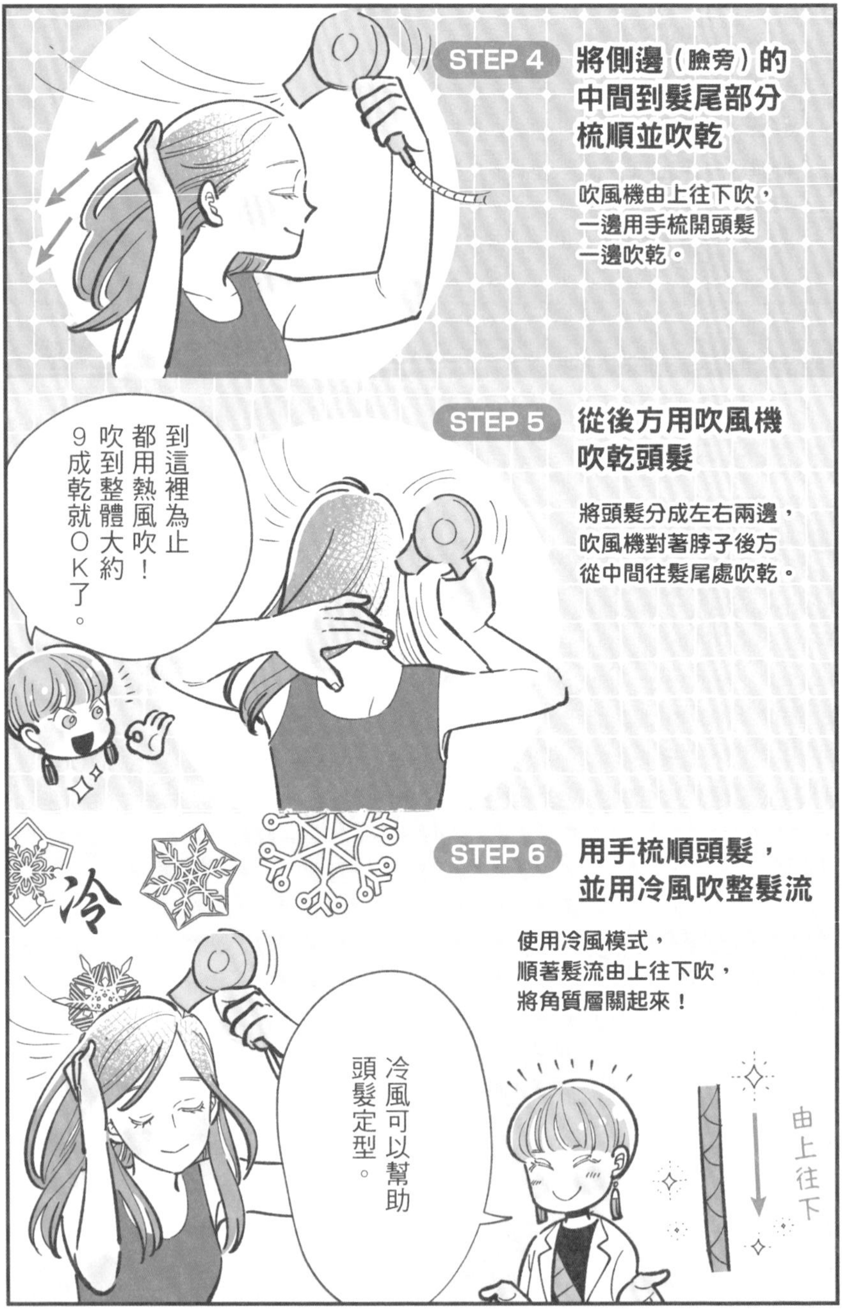
STEP 4 將側邊（臉旁）的中間到髮尾部分梳順並吹乾
吹風機由上往下吹，一邊用手梳開頭髮一邊吹乾。
STEP 5 從後方用吹風機吹乾頭髮
將頭髮分成左右兩邊，吹風機對著脖子後方從中間往髮尾處吹乾。
到這裡為止都用熱風吹！吹到整體大約9成乾就OK了。
STEP 6 用手梳順頭髮，並用冷風吹整髮流
冷
使用冷風模式，順著髮流由上往下吹，將角質層關起來！
冷風可以幫助頭髮定型。
由上往下

長頭髮的人
最後可以用手指
捲起頭髮並吹乾,
讓頭髮變微捲之餘,
也比較容易整理!
用手指
捲捲捲
頭髮捲曲、
髮量稀疏扁塌的人,
吹整方式相當重要,
一定要記住
基本知識!
後面會再
詳細說明。
(參照112頁)
我家的孩子們
現在才1歲和3歲,
洗完澡後
還要邊安撫
邊幫忙做很多事,
常常沒辦法
馬上吹乾頭髮…
濕答答…
我要去玩~
擦身體~
擦乳液~
穿衣服~
吹頭髮~
這樣的話,
可以先暫時
用吸水毛巾
包住頭髮!
由前往後包起來,
再用橡皮筋綁住,
稍微移動
也不容易散掉,
很推薦喔!
※後面的樣子
毛巾
原來如此。
順帶一提,
擦頭髮的毛巾最好每天更換!
用小毛巾或小浴巾擦拭後,
輪流替換就可以囉!

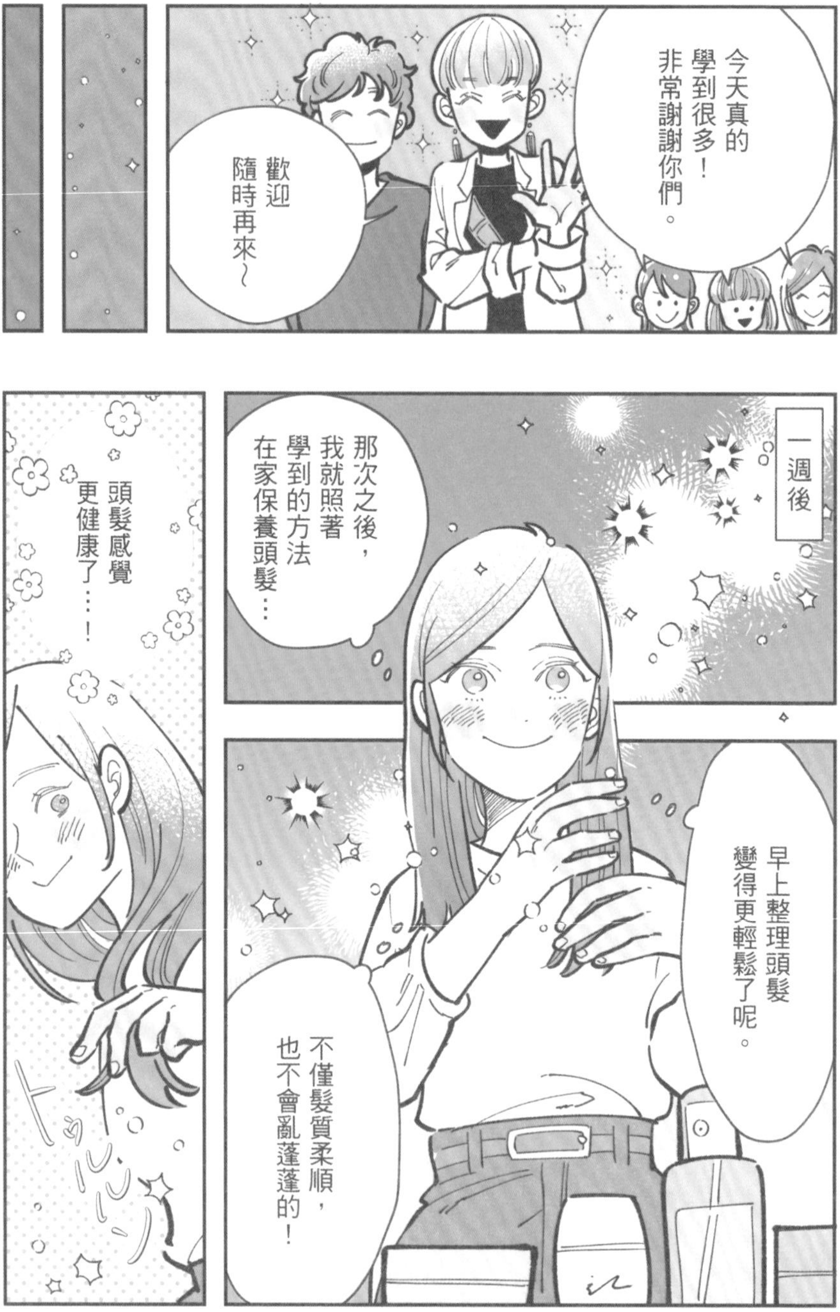
今天真的學到很多！非常謝謝你們。
歡迎隨時再來～
一週後
那次之後，我就照著學到的方法在家保養頭髮…
早上整理頭髮變得更輕鬆了呢。
不僅髮質柔順，也不會亂蓬蓬的！
頭髮感覺更健康了…！

※柔亮滑順

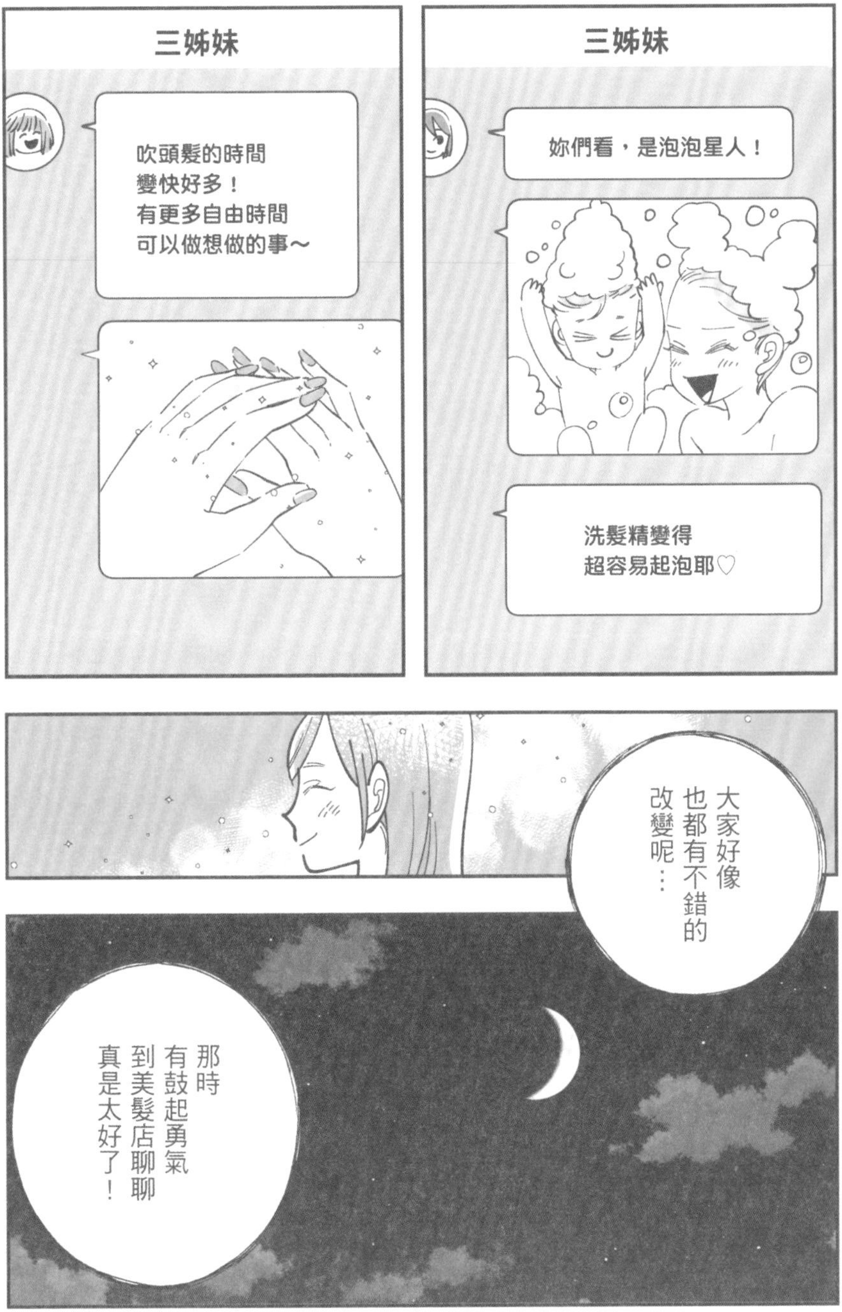
三姊妹
妳們看，是泡泡星人！
洗髮精變得
超容易起泡耶♡
三姊妹
吹頭髮的時間
變快好多！
有更多自由時間
可以做想做的事～
大家好像也都有不錯的改變呢……
那時有鼓起勇氣到美髮店聊聊真是太好了！

想擁有柔亮秀髮、完美髮型，就要學會**吹風機的使用技巧**

自然乾燥大NG！一定要用吹風機

相信很多人覺得用吹風機吹頭髮很麻煩，尤其是忙碌的平日晚上，更是想不吹乾倒頭就睡吧？

現代人忙於工作、家事和照顧孩子，實在沒什麼時間。首先必須說，各位辛苦了！雖然很想跟大家說：「頭髮不用吹了，快去睡覺吧……」但在此還是要說聲抱歉，用吹風機吹乾頭髮相當重要，而且最好**洗完澡後就盡快吹乾**。

頭髮處於潮濕狀態時，在表面保護頭髮的角質層是打開的。就這樣放著不管，角質層容易剝落，導致頭髮的水分和蛋白質向外流失而受損。

有些人會擔心熱風傷害毛髮而不用吹風機，但這樣其實會造成反效果。正如前面所說，濕髮期間會角質層全開，若是讓頭髮自然乾燥反而更傷頭髮。

所以，吹乾頭髮要重視的是速度！挑選吹風機時，建議選擇主打可快速吹乾的產品。

詳細的吹整方式，請務必參考50頁的漫畫說明。接下來，我要和大家具體說明吹整的訣竅。

使用吹風機前，用毛巾輕輕地擦乾水分相當重要。剛剛說過不能讓頭髮自然乾燥，但是吹風機的熱風也確實是造成頭髮毛燥的原因之一，因此才會告訴各位「重視速度」。這不是為了讓角質層早點閉合，而是要**盡量縮短頭髮接觸熱風的時間**。

用毛巾擦拭時，要**按照順序從頭皮到頭髮，並且避免用力搓揉、拍打，要輕輕地按壓並擦乾水分**。有頭髮乾燥困擾的人，用毛巾擦頭髮前，可以在濕髮狀態時於髮尾擦上高保濕的洗後潤髮油或潤髮乳，這樣頭髮會更容易吸收。如果想要呈現自然的感覺，建議選擇乳狀潤髮產品。

另外，請每天更換、使用乾淨的毛巾擦拭。如果不會每天清洗不易乾的大浴巾，可以準備頭髮專用的毛巾或小浴巾，這樣就能每天交替使用了。

用毛巾擦乾後，就換吹風機出場了！使用吹風機有以下4項重點：

①要確實將風口對準髮根、髮量較多的耳後等不易乾的地方，這樣才能毫無遺漏地吹乾所有頭髮。

②吹風機的風口要離頭髮約15～20公分。不要對著單一點集中吹熱風，應邊吹邊左右晃動風口。

③頭髮角質層的排列方向是從髮根到髮尾，因此風必須照著這個方向吹以閉合角質層，讓頭髮整齊有光澤。

④最後用冷風定型，吹出光澤感。

其實，**用吹風機吹乾頭髮的步驟，對整理髮型而言也非常重要**。如果因為髮質

為你解答吹風機相關問題！

Q 什麼時候要切換成冷風呢？

A

頭髮摸起來不濕，就可以切換成冷風囉！
如果吹一吹發現還有地方濕濕的，再切回熱風即可。
使用冷風比較容易判斷頭髮乾了沒，可以防止吹太乾！

Q 有推薦的吹風機嗎？

A

我常被問到這個問題，不過其實最近很多吹風機的性能都滿好的，各大廠牌間沒有太大的差異。
只要有速乾功能，再依各自的髮質煩惱挑選具相應機能的吹風機就好囉！

問題而難以做好髮型，建議在吹整方式上多下點工夫。

舉例來說，頭髮太蓬的人可以在吹頭髮時壓住太蓬的部分，讓髮根在吹乾過程中保持平整，最後再用冷風定型；相反地，頭髮扁塌的人則可以從毛流的反方向吹，讓髮根豎起來，或是吹的時候用手抓住髮根、讓髮根立起。

詳細方法可參考112頁！

總結

為了保護頭髮的角質層，請用正確的吹風機使用方式盡快吹乾頭髮。

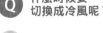

COLUMN

硬or軟、粗or細

何謂「髮質」?

有人哀歎「頭髮又粗又硬，還毛躁亂翹！」的同時，也有人抱怨自己「頭髮又細又軟，很快就塌了……」。雖然髮質造成各種煩惱，但其同時也能展現出個人特色。那麼，大家知道「髮質」是依據什麼來判斷的嗎？

首先，我們要先瞭解頭髮的構造。頭髮的主要成分為名叫角蛋白的蛋白質，且依序分為3層。

①角質層：覆蓋於表面、呈魚鱗狀，負責保護頭髮。

②皮質層：占85%，可讓頭髮保有彈力。

③髮髓：頭髮最內層，但不是每個人都有。

三者之中，皮質層影響髮質最多。皮質層厚的人，頭髮較粗；反之則頭髮較細。再來會影響髮質的是皮質層中的角蛋白密度，密度高者頭髮較硬，反之則較容易吸收水分而變得柔軟（若有髮髓，也會和髮髓密度有關）。此外，在表層保護頭髮的角質層厚度也是關鍵之一。角質層愈薄，頭髮就愈軟，故細軟髮更容易受損。

順帶一提，自然捲的其中一個原因，就是皮質層的蛋白質纖維不是直的。當荷爾蒙失調或營養不良，也可能使自然捲情況變嚴重，要特別注意喔！

CHAPTER 2

讓頭髮更漂亮的特殊保養方式

接下來，要向大家介紹
讓基本步驟更加分的
特殊保養方式。
依照自己的生活步調，
打造一套專屬於你的護髮流程吧！

episode. 05

用髮膜修護受損的頭髮

頭髮有持續保養，感覺變得更好整理了呢！
以前為了藏住受損的頭髮，
我都會把頭髮綁起來……
散開…
頭髮變漂亮後，我感覺更有自信了！
但是還是有些令人在意的地方……
握

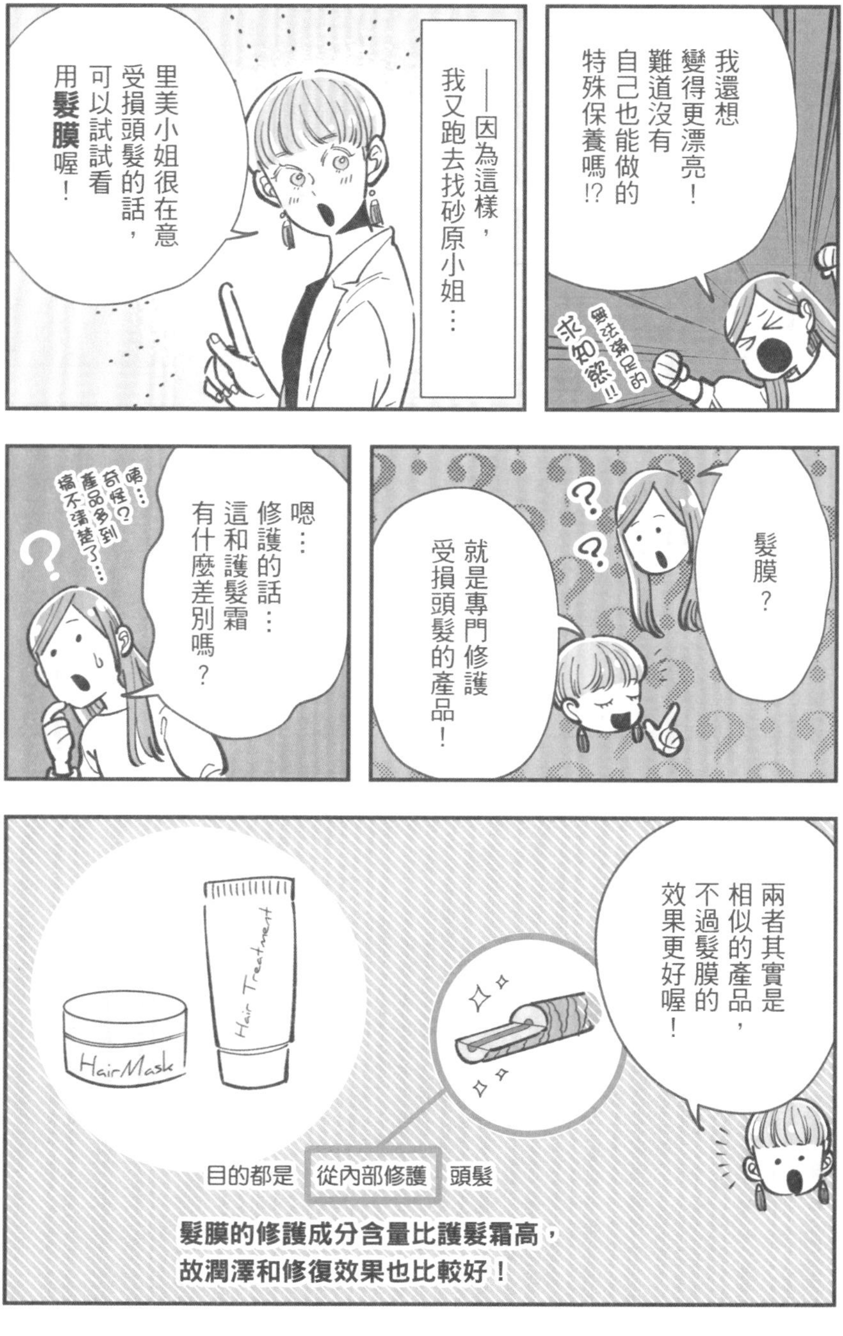
我還想變得更漂亮！難道沒有自己也能做的特殊保養嗎!?
無法滿足的求知慾!!
——因為這樣，我又跑去找砂原小姐…
里美小姐很在意受損頭髮的話，可以試試看用**髮膜**喔！
髮膜？
就是專門修護受損頭髮的產品！
嗯…修護的話…這和護髮霜有什麼差別嗎？
咦…奇怪？產品多到搞不清楚了…
兩者其實是相似的產品，不過髮膜的效果更好喔！
Hair Treatment
HairMask
目的都是 從內部修護 頭髮
髮膜的修護成分含量比護髮霜高，故潤澤和修復效果也比較好！

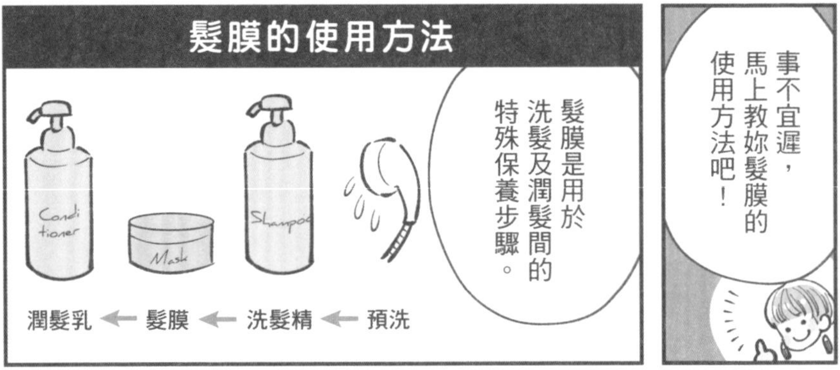
事不宜遲，馬上教妳髮膜的使用方法吧！
髮膜的使用方法
髮膜是用於洗髮及潤髮間的特殊保養步驟。
Conditioner
Mask
Shampoo
潤髮乳 ← 髮膜 ← 洗髮精 ← 預洗

【事前準備】頭髮要是完成預洗及洗髮的乾淨狀態。
完成洗髮
照前面解說的那樣沖掉洗髮精，就可以開始囉！

STEP 1 手輕柔地握住頭髮，將水分擠乾
・若是較黏稠的髮膜，可以擠到還會有些滴水的程度。
・若是黏稠度低的髮膜，要擠到不會滴水的程度。
輕柔地
水分太多，髮膜會跟著流失；水分太少又會影響吸收的效果！

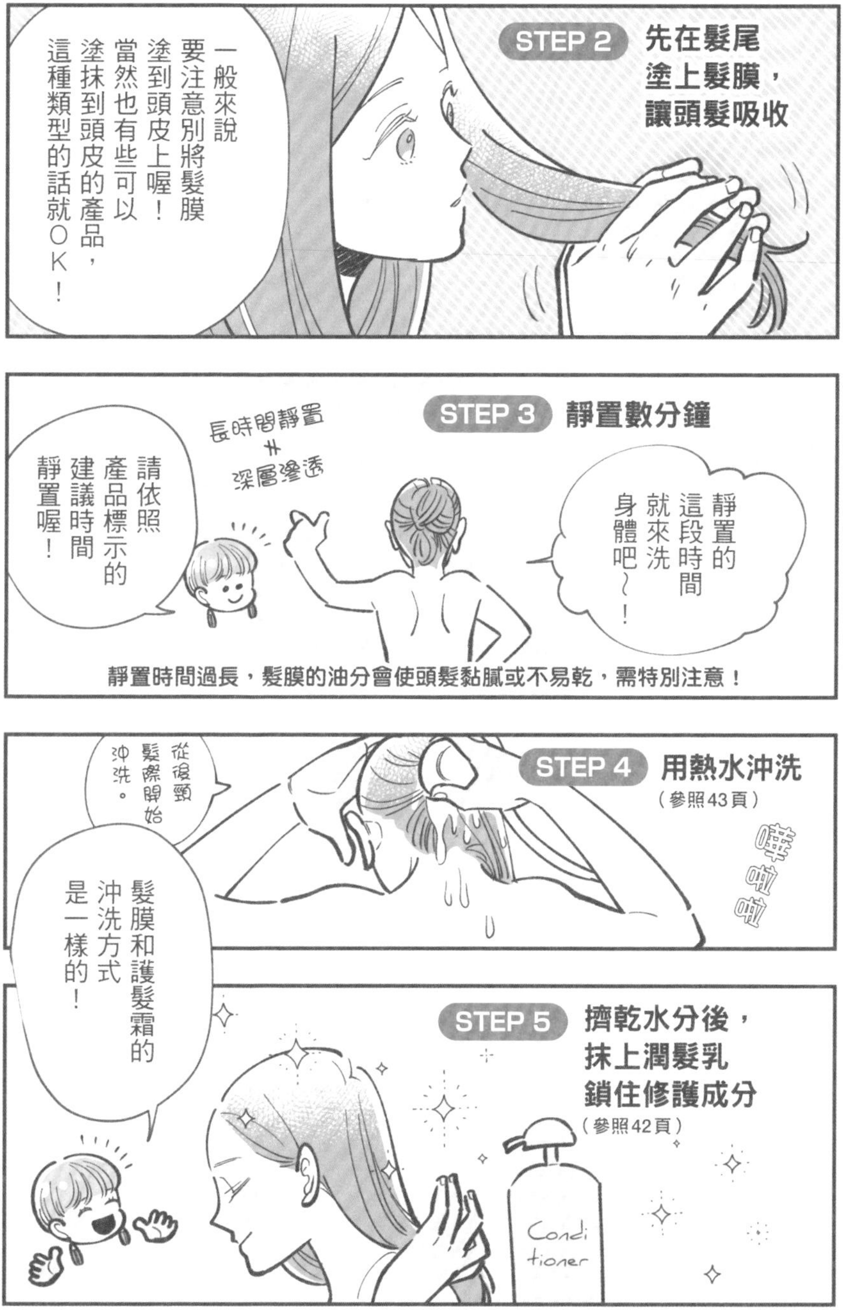
STEP 2 先在髮尾塗上髮膜，讓頭髮吸收
一般來說要注意別將髮膜塗到頭皮上喔！當然也有些可以塗抹到頭皮的產品，這種類型的話就ＯＫ！
STEP 3 靜置數分鐘
靜置的這段時間就來洗身體吧～！
長時間靜置≠深層滲透
請依照產品標示的建議時間靜置喔！
靜置時間過長，髮膜的油分會使頭髮黏膩或不易乾，需特別注意！
STEP 4 用熱水沖洗
（參照43頁）
嘩啦啦
從後頸髮際開始沖洗。
髮膜和護髮霜的沖洗方式是一樣的！
STEP 5 擰乾水分後，抹上潤髮乳鎖住修護成分
（參照42頁）
Conditioner

有頭髮損傷困擾的人，每週可以加入2～3次髮膜步驟作為特殊保養。
若品牌方建議每週使用一次，一週一次即可！
Sun Mon Tue Wed
髮膜 髮膜
日常保養
Thu Fri Sat
髮膜
日常保養
當然，也可以都不用髮膜！
Simple is Best
畢竟保養程序太多會很累人的，
簡單就是最好！
別擔心♡
確實…
對了，想請問有推薦的髮膜嗎？
像是可以立即修復損傷的產品…
其實所有洗護用品的選擇方式都是一樣的，
使用同系列產品就是最好的選擇喔！
A牌的洗髮精和護髮霜搭配B牌的髮膜
使用同系列產品

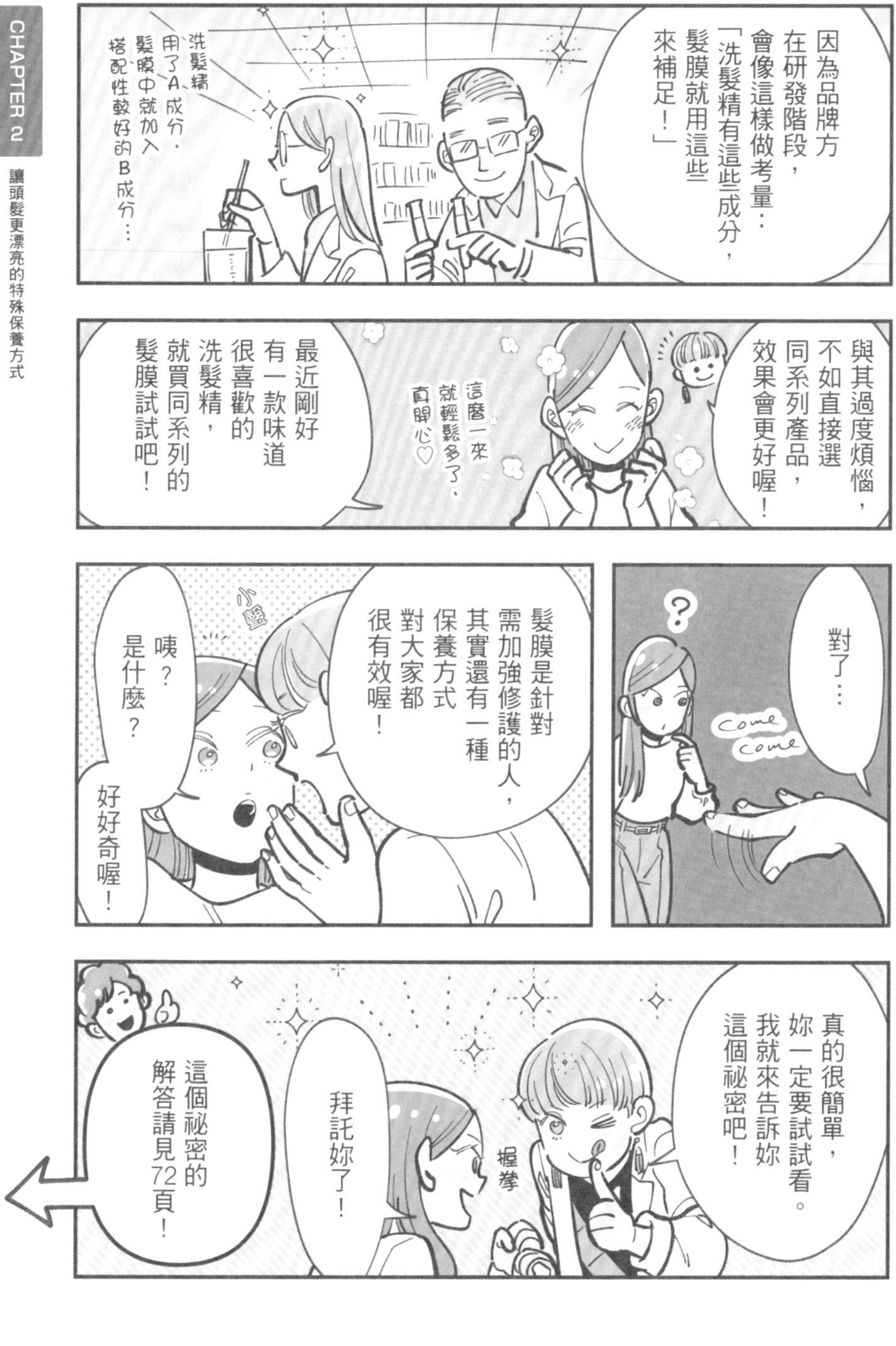
因為品牌方在研發階段，會像這樣做考量：「洗髮精有這些成分，髮膜就用這些來補足！」
洗髮精用了A成分，髮膜中就加入搭配性較好的B成分…
與其過度煩惱，不如直接選同系列產品，效果會更好喔！
這麼一來就輕鬆多了，真開心♡
最近剛好有一款味道很喜歡的洗髮精，就買同系列的髮膜試試吧！
對了…
?
come come
髮膜是針對需加強修護的人，其實還有一種保養方式對大家都很有效喔！
小聲
咦？是什麼？
好好奇喔！
真的很簡單，妳一定要試試看。我就來告訴妳這個祕密吧！
握拳
拜託妳了！
這個祕密的解答請見72頁！

休假日在家時，可以邊放鬆邊做**深層護髮**

厚敷一層，就可以去做其他事了！

撐過忙碌的日子，終於迎來期待已久的休假；這天不想外出，只想悠閒地待在家裡。這種時候安排一次特別的頭髮保養，不覺得很棒嗎？各位或許會心想：「可以在家就自己做保養，有這麼好的事？」還真的有！

首先，準備好你平常用的護髮霜和保濕用潤髮乳等護髮產品。不用事先打濕頭髮，只要使用平常兩倍的量，**避開頭皮、集中塗抹在乾燥的髮尾**即可。長頭髮的人，可以塗抹完後用鯊魚夾固定。就這樣放置一段時間，期間可以看喜歡的影片、將累積的家事逐一做完，好好享受屬於自己的時光，讓頭髮慢慢吸收這些護髮產

做家事的同時，輕鬆保養頭髮！

要特別注意，
護髮霜不要碰到頭皮！
抹上護髮霜後
放置一段時間，
頭髮就能變漂亮，
真是太棒了！
可以用保鮮膜包住頭髮，
防止乾燥、讓效果更好！

品。靜置約1小時後，再用洗髮精將頭髮清洗乾淨。**如果是美髮店專賣的高品質產品，甚至能等到洗澡時一起沖掉**。不過，若護髮產品沾到頭皮，就要盡快沖洗乾淨。

美髮店會利用加熱，讓護髮成分充分滲入頭髮中。雖然在家中很難這樣操作，但花點時間確實地進行「緩慢保養」，也能獲得一定的效果。

總結

不要將特殊保養想得太複雜，「放任式」的保養效果反而更好。

episode. 06

透過按摩讓頭皮更健康！

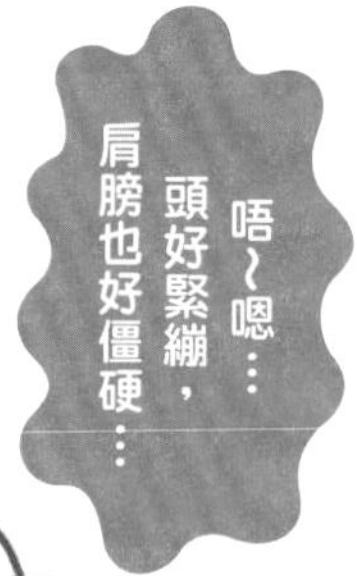
唔～嗯……
頭好緊繃，
肩膀也好僵硬……

ズウ～ン…
※皺眉…
嗯～～
這種時候…趁午休來試試砂原小姐教我的那招好了…！
唉…
比髮膜還有效的祕密絕招…
就是**頭皮按摩**喔！
scalp massage
我們平常無法控制頭皮活動，因此靠按摩來活絡頭皮就顯得至關重要了。

透過頭皮按摩促進血液循環，就能⋯
・預防髮量稀疏、自然捲等。
・防止異味、頭皮屑、搔癢、脫髮等症狀產生。
・讓心情舒暢，對心理層面帶來好的影響。
閃亮
而且頭皮按摩不僅好處多，還會感覺非常舒服喔！

頭皮按摩步驟

趕快來試試看吧～！
放鬆
拉提
按壓
完整3步驟
①用手掌放鬆整個頭皮
②將頭皮往上推
③按壓頭頂

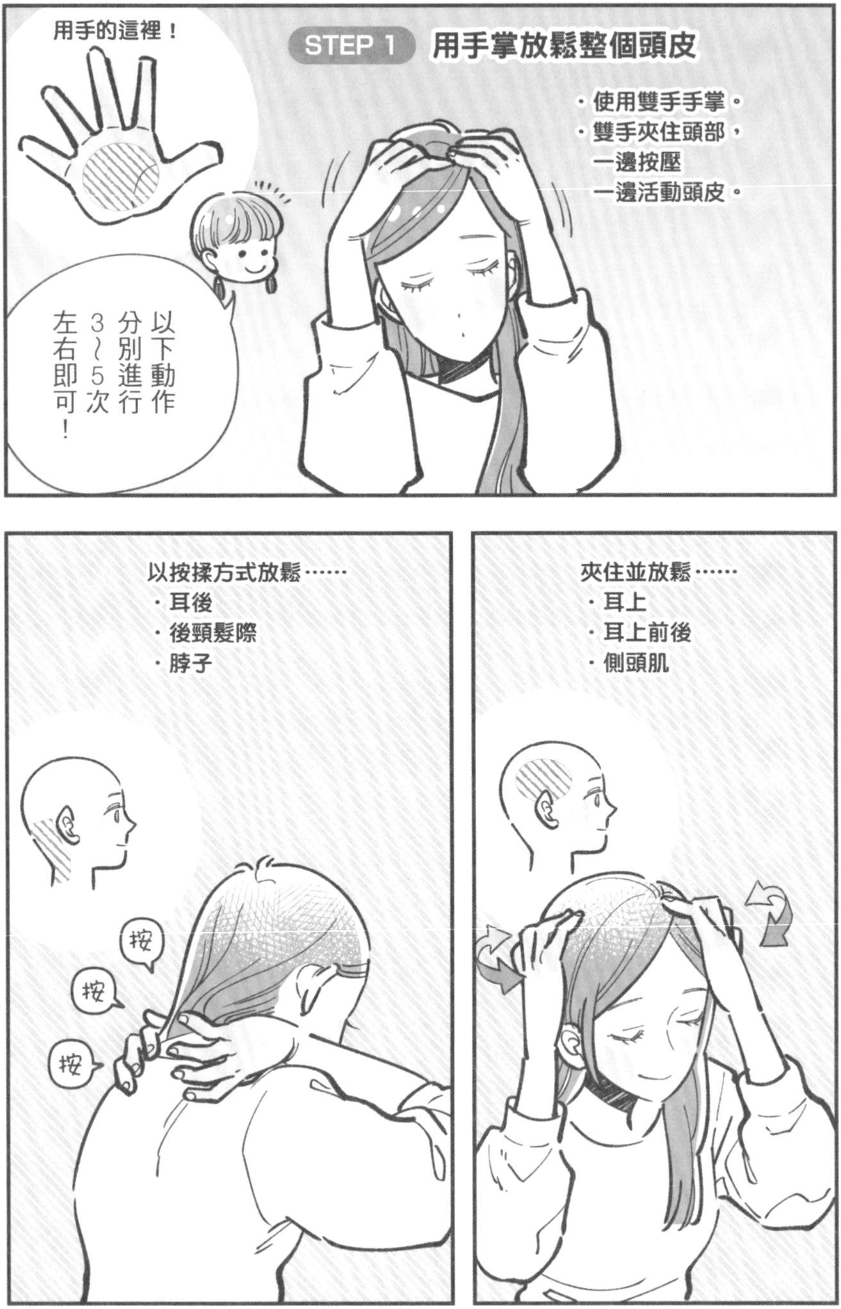
STEP 1 用手掌放鬆整個頭皮
用手的這裡！
・使用雙手手掌。
・雙手夾住頭部，一邊按壓一邊活動頭皮。
以下動作分別進行3～5次左右即可！
以按揉方式放鬆……
・耳後
・後頸髮際
・脖子
按
按
按
夾住並放鬆……
・耳上
・耳上前後
・側頭肌

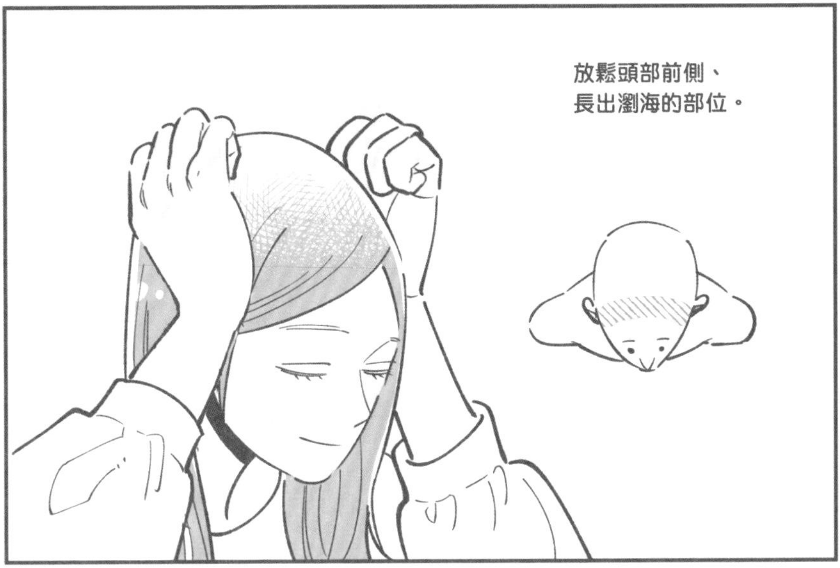
放鬆頭部前側、
長出瀏海的部位。

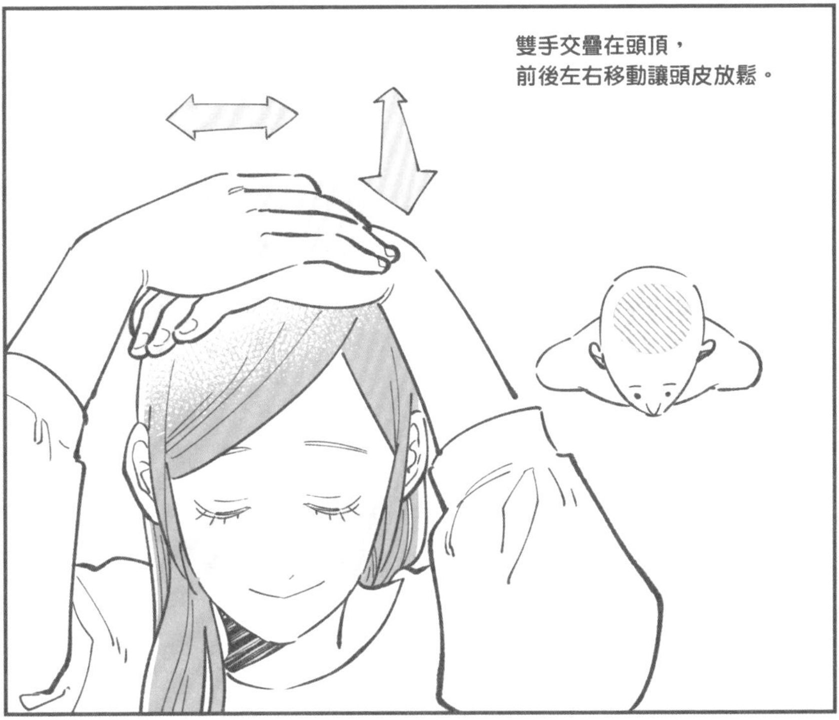
雙手交疊在頭頂，
前後左右移動讓頭皮放鬆。

STEP 2 上推頭皮

用手的這裡！

・使用4根手指——
食指、中指、無名指、小指。
・訣竅是用全部手指
壓住頭皮並往上推。

・從髮際線往頭頂方向
慢慢地上推頭皮。
・以畫圓方式往上推。
・從耳上到頭頂、
耳後到頭頂、
太陽穴到頭頂
等不同位置，往上拉提。

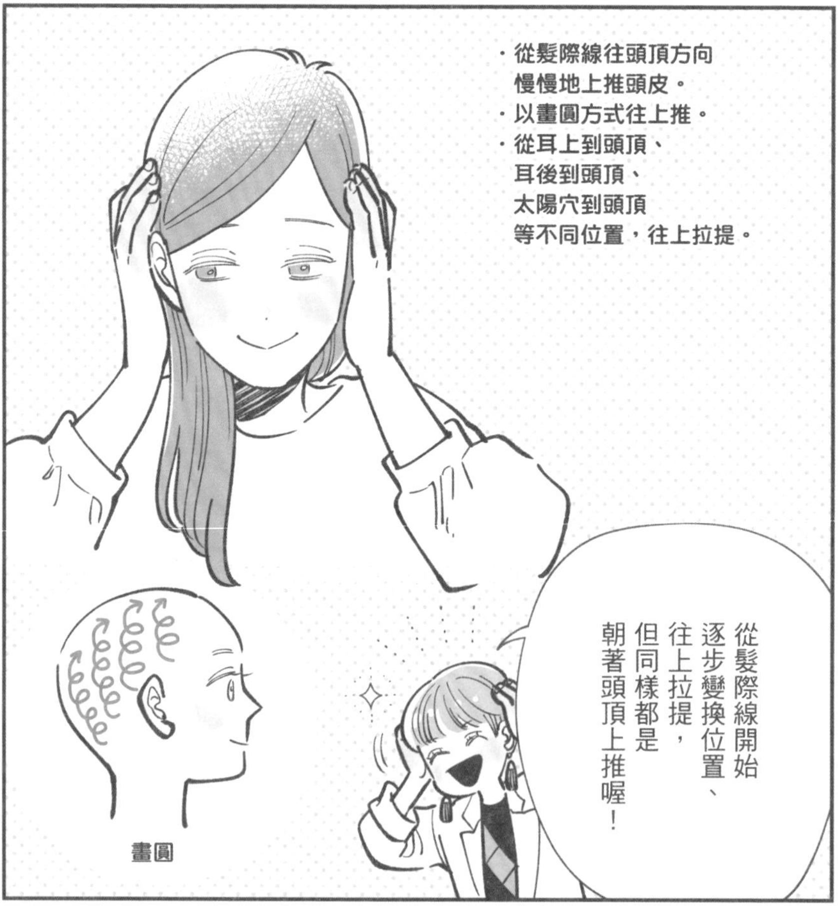
從髮際線開始逐步變換位置、往上拉提，但同樣都是朝著頭頂上推喔！
畫圓

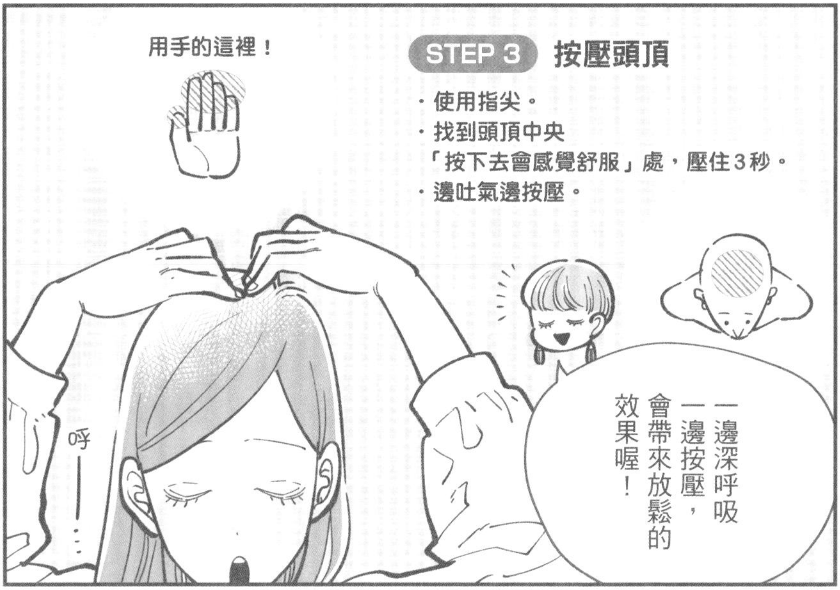
用手的這裡！
STEP 3 按壓頭頂
・使用指尖。
・找到頭頂中央「按下去會感覺舒服」處，壓住3秒。
・邊吐氣邊按壓。
呼——…
一邊深呼吸一邊按壓，會帶來放鬆的效果喔！

※ 恢復神采！

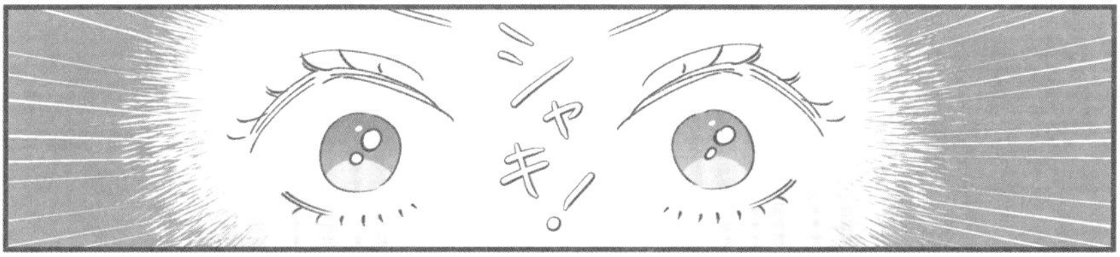
シャキ！

頭腦好像變清晰了！現在可以更專心工作啦！
回去做事吧！
グッ

※ 握

休假時**泡澡暖身體**，同時促進頭皮的血液循環！

讓身體從內暖起來的泡澡法

在時間充裕的休假日，悠閒地享受泡澡時光吧！搭配頭皮按摩，在家也能感受SPA氛圍。在此推薦各位進行**HSP（熱休克蛋白）泡澡法**。HSP（Heat shock proteins）是一種蛋白質，包含人類在內的許多動物體內都有，能幫助身體抵抗壓力帶來的傷害。HSP泡澡法可增加HSP數量，達到**提升免疫力、減輕疲勞和運動後肌肉痠痛、預防紫外線曬傷及氧化壓力造成的皮膚和血管老化**等效果；且可促進全身（含頭皮）血液循環，有利於打造美麗秀髮。具體操作方法如下：

①泡40℃的熱水10分鐘，或泡41℃的熱水不超過10分鐘（可依個人喜好選擇）。

（HSP對身體的正面影響）

泡澡時還可以加入喜歡的香氛精油！
調整好自律神經，
對頭髮也會帶來好的影響。

- **抗發炎**
- **促進血液循環、新陳代謝**
- **提高免疫力**
- **讓皮膚更有彈力，預防乾燥及細紋**
- **抑制痘痘及粉刺等發炎症狀**
- **修復毛囊幹細胞**
- **有助於生髮**

每天實行會使身體習慣而疲乏，
維持每週1～2次的頻率就好！
若患有心臟疾病，請先諮詢醫生再嘗試喔。

②泡完後馬上穿衣服，不要讓身體變冷，在溫暖的房間內待10分鐘以上，保暖身體。要喝水或飲料的話，請喝常溫或熱飲（需注意是否有脫水症狀）。

上述方法可視身體狀況調整，泡半身浴也沒問題，不要勉強自己。

另外，**推薦使用「艾草入浴劑」，艾草本身也能暖和身體，以40℃泡10分鐘即可。**加入小蘇打，還能減輕洗澡水中的氯對人體的影響，對肌膚和頭髮都有良好效果。

總結

用暖身體的HSP泡澡法，
趁休假在家享受SPA的氛圍吧！

episode. 07

用梳子按摩頭皮更有效

除了用手，梳子也可以做**頭皮按摩**喔！
就是用洗澡前使用的氣墊按摩梳～（參照21頁）
不過步驟會比洗澡前再多一些！
按摩梳

用梳子按摩頭皮步驟

STEP 1 用梳子梳頭髮及按頭皮

・先梳整髮尾。
・接著讓梳子接觸到頭皮，從頭頂往髮尾梳順所有頭髮。

頭髮被拉動時也會動到頭皮，所以梳頭時不需要刻意用力。

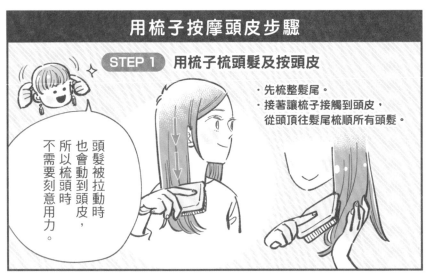

STEP 2 梳子斜靠頭皮，由下往上梳整

- 梳子斜斜地貼著頭皮。
- 朝著頭頂的百會穴，由下往上梳整個頭皮。

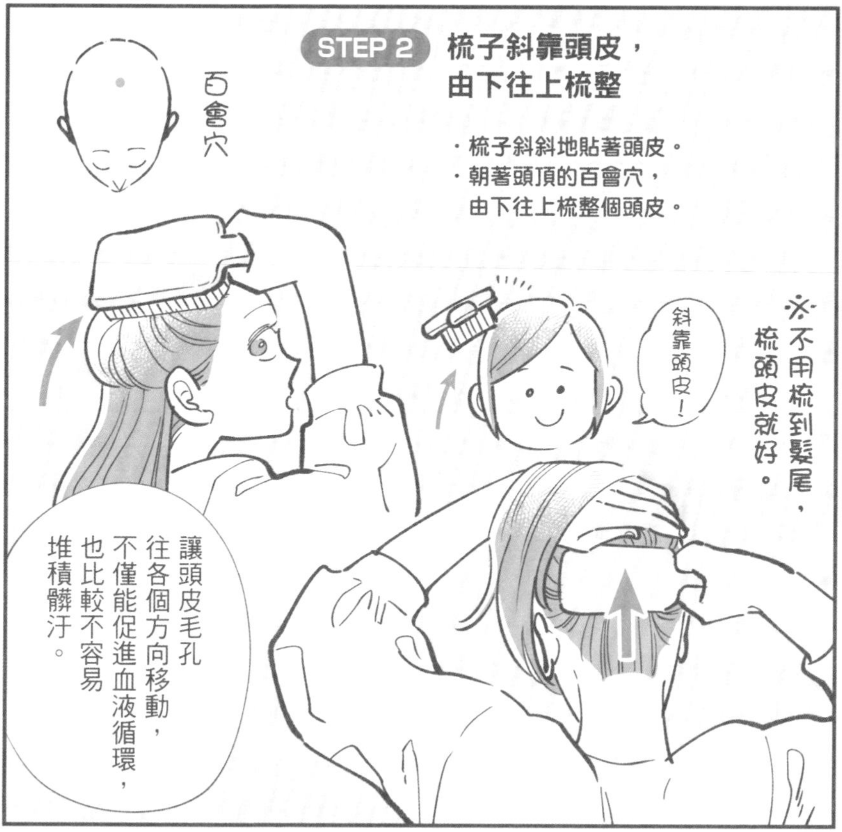
百會穴
斜靠頭皮！
※不用梳到髮尾，梳頭皮就好。
讓頭皮毛孔往各個方向移動，不僅能促進血液循環，也比較不容易堆積髒汙。

STEP 3 用整面梳齒按壓耳上及耳後

- 用梳子畫圈按壓耳上太陽穴。
- 有助於排除堆積在太陽穴的老廢物質。

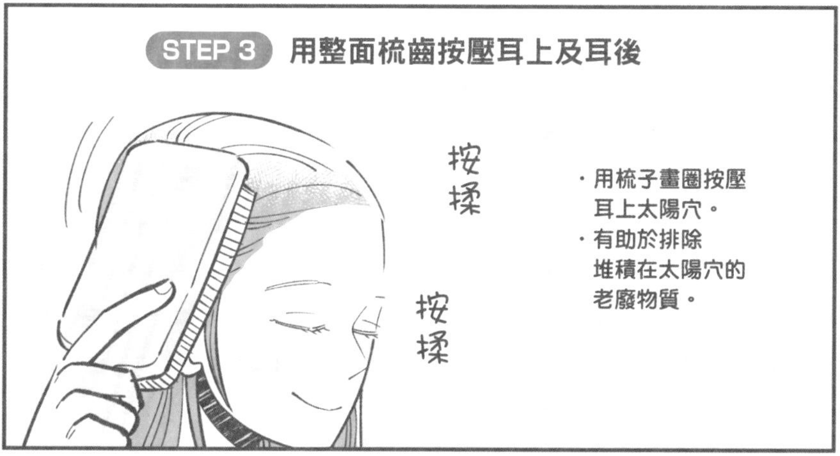
按揉
按揉

畫圈
也可以畫圈
按壓耳後側邊，
放鬆僵硬的頭皮
有助於促進淋巴循環。
畫圈

STEP 4 用整面梳齒按壓頭頂中央及側邊
按
從頭頂中央、額頭側邊，
再到後腦勺，慢慢地按壓。
頭頂中央有可以舒緩眼睛疲勞的穴道喔！
按
按
接著，用同樣方法
按壓太陽穴到後腦勺。
按壓時將頭部分成3個區塊！
1
2
3

STEP 5 以整面梳齒輕敲後腦勺
咚
咚
以帶點節奏感的方式
咚咚咚地輕敲後腦勺，
可促進淋巴循環。
淋巴循環變好，整個頭部會感覺變得更輕盈！
頭變得暖呼呼的耶～

這種頭皮按摩隨時都能做呢。
而且雖說是作為頭髮的特殊保養，但感覺也像是在慰勞自己…

總覺得頭髮變得很滑順…而且更整齊不毛躁了…？
血液循環變好，也讓氣色顯得更好了！
Wow

※ 柔亮滑順～！

規律的生活習慣也是打造美麗秀髮的一環

頭髮的原料——「蛋白質」是否充足？

想要打造具光澤感的美麗秀髮，一定要維持規律的生活習慣！應該會有人覺得：「這種事我也知道……」但要保持良好的睡眠品質、攝取營養均衡的飲食、養成適當的運動習慣等，卻很難真正做到。其實我們不需要追求完美，先找出對頭髮有益的關鍵習慣，再將其融入生活中吧。

首先，在營養方面不可或缺的就是頭髮原料——「蛋白質」。透過飲食攝取的蛋白質，會優先提供給維持生命所需的肌肉及內臟等，頭髮、皮膚、指甲是次要的排序。因此，蛋白質不足與頭髮乾燥、斷裂等問題息息相關，每餐應該均衡攝取20

對頭髮有益的營養素及食材

蛋白質

鮪魚、鰹魚、
雞里肌、豬里肌、
青背魚、黃豆製品、
蛋、黑芝麻

維他命B2

牛肝、豬肝、
雞肝、青魽、
鰻魚、納豆、
菠菜

維他命E

杏仁、
酪梨、
南瓜、芝麻、
鮪魚罐頭、蛋

鋅

生牡蠣、魚乾、
豬肝、牛里肌、
腰果、黃豆粉

克的豆魚蛋肉類蛋白質。

中醫將頭髮稱作「血餘（剩餘的血液）」。換言之，血量充足便能長出漂亮的頭髮。而要**增加血液量，就必須依靠充足的睡眠**，還可多攝取鮪魚、鰹魚等紅肉魚，或肝臟、黑芝麻等食物。

順帶一提，大家可能聽說過「海帶芽對頭髮很好」的說法。海帶芽確實是富含礦物質的健康食材，但其實不會直接對頭髮帶來益處；攝取過量反而會對健康產生負面影響。因此和其他食材一樣，適量攝取即可。

總結

— 多攝取蛋白質，保持充足睡眠。

episode. 08

打造專屬於你的護髮流程吧！

到這裡，應該都瞭解保養頭髮的基本知識了……
接下來就來打造專屬於妳的護髮流程吧！
護髮流程？
一般保養
全套保養
保養頭髮的方式百百種，想要每天都全部做完，肯定會累到無法持續下去。
因此建議配合自己的生活步調，依照「忙碌的日子」、「假日或空閒時」來設計專屬的護髮流程！

這麼說來，由美姊姊好像就是這樣呢⋯
忙碌的日子
只做頭皮按摩，
不洗頭。
累到虛脫——⋯
比較髒的日子
活動量大，
滿身沙子及汗水。
洗澡前梳頭，
用髮膜認真保養。
需要外出面談的日子
前天晚上不洗頭，
早上再洗頭及護髮。
梳頭太舒服，
連老公都愛上了
最近頭髮的狀況好像變很好呢～
太棒了！
這週成功做好保養頭髮了！

妹妹也說想到每天的保養時光都很開心…
她們已經完全養成保養頭髮的習慣了呢。
我懂這種心情！畢竟看到顯而易見的效果，就會忍不住開心起來呢～
今天是週末，難得沒有安排行程…
來做點特殊保養吧！
中午開始泡澡，促進血液循環～讓頭皮變健康～♪
今天就用這個吧！
之前收到的喬遷禮泡澡球～♫

對了，砂原小姐好像說過，洗完澡後是確認自己的快樂時光……
吹頭髮之前頭髮還濕濕的時候，邊梳理頭髮邊思考想成為的樣子，像是頭髮要分哪邊等，可以探索並享受與平常不同的自己喔！
因為害怕做出失敗的髮型，
我一直沒換過其他造型……
意外地還不錯嘛！
這樣就能不斷調整，直到找到與自己形象相符的造型，真是輕鬆的好辦法！
明天要試試看什麼造型呢～？
每天都進行「自我確認」恐怕很難，在假日或空閒時花點時間做就好。
或許能讓自己Next Level喔！

依照生活步調及煩惱，選擇適合自己的美髮習慣

不用勉強！靠「簡單的美髮革命」打造美麗秀髮

說到頭髮保養，**有一個重點是「不要過度保養」**。其實瞭解自身髮質、選擇適合自己的保養頭髮方式，做到「簡單的美髮革命」就足夠了。頭髮沒受損就不需要使用髮膜；沒有特殊煩惱的話，以正確方式進行預洗及洗髮就好。此外，**依自己的生活步調安排合適的保養方式也很重要**，在時間許可內做到力所能及的保養即可。

基本上，要重新長出漂亮的頭髮，需要花費半年以上的時間。不過，做完頭髮保養的隔天早上，還是能馬上感受到「觸感變好」等微小變化。一邊享受這樣的變化，一邊尋找適合自己的美髮習慣吧！

里美的頭髮保養一週流程

里美有頭髮受損的苦惱，一起看看她是如何安排一週的頭髮保養流程吧！
依照生活步調及煩惱，安排適合自己的頭髮保養流程，
就能輕鬆維持美髮習慣了。

	一日行程	頭髮保養
Mon	加班累到動彈不得……	只做一般保養（洗髮精、護髮霜）。
Tue	居家辦公日，提早就寢！	有一點時間可以安排梳頭按摩，晚上泡艾草浴來促進血液循環！
Wed	下午6點就完成工作！晚餐在由美姊姊家吃。	追加髮膜！
Thu	上午參加公司內部會議，下午和客戶開會，度過忙碌的一天……	會議讓人好緊張，趁午休時做頭皮按摩，晚上做一般保養就好。
Fri	參加公司聚餐，久違地和大家盡情喝到接近末班電車的時間。	明天就要放假了，用喜歡的入浴劑泡澡放鬆，頭髮只做預洗。
Sat	這天休假可以整天閒在家，順便把洗衣、掃地等堆積的家事都做一做！	一邊做家事，一邊在白天深層護髮。
Sun	和朋友吃午餐♪	追加頭皮按摩和HSP泡澡法，讓心情煥然一新！

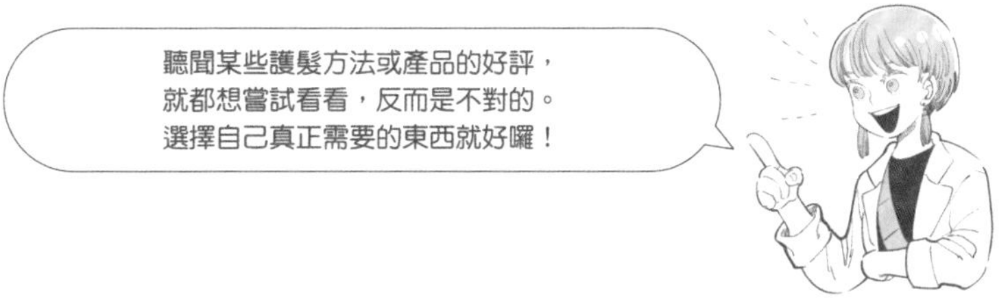
聽聞某些護髮方法或產品的好評，
就都想嘗試看看，反而是不對的。
選擇自己真正需要的東西就好囉！

COLUMN

發現白頭髮！　應該染髮嗎？

絕對不要拔白頭髮！

第一次發現自己有白頭髮的衝擊，相信只要經歷過的人都難以忘懷吧。根據體質不同，有些人10幾歲時就有白髮了，不過一般是在30歲前半開始生長。有些人發現白髮就會忍不住去拔，但千萬別這麼做。不斷地拔頭髮會傷害毛囊球，甚至導致頭髮長不出來！

如果很在意會被人看到白髮，建議染深白髮即可（若想讓頭髮自然變白，後面會教你怎麼在過渡期留一頭漂亮灰髮）；若是只有幾根白髮，也可以從髮根剪除。白髮長在內側等不顯眼處，就可以等到預約美髮店打理頭髮時再一併處理。總之，給自己訂一個「容許5根白髮」的基準，或是樂觀地假裝沒看到，對心理健康而言很重要。還是很在意那幾根白髮的話，也可以試試看市售的睫毛膏式染髮刷。

另外，若是在美髮店染髮數週後，發現髮根出現色差，可以自己在家補染髮根。這時，請將頭髮分成1公分寬的髮束，小心仔細地塗抹。染膏不用沾滿整支刷子，只要沾在「末端」，就能精準地塗抹在髮根上了。

CHAPTER 3

頭髮就擦看看造型用的髮油好了～

怎麼辦!? 頭髮的煩惱對策與髮型設計

為了讓頭髮更美麗，每天進行保養之餘，

不妨多加留意其他細節吧！

本章要介紹如何解決

頭髮受損、自然捲、扁塌

等代表性的頭髮困擾。

episode. 09

頭髮的煩惱是過去造成的結果!?

看樣子妳半年前過得很忙呢……
咦!
那時候確實……生活過得一團糟呢……
那陣子因為工作太累，幾乎都只有沖澡，頭髮沒吹就放著不管……
好…好累啊…已經沒有力氣…去吹頭髮了…
其實現在有頭髮受損等困擾，都是受到半年前的影響喔。
難怪在我開始做頭髮保養前，才會受損得這麼嚴重……

所以為了保持秀髮，每天的習慣非常重要呢。
美麗不是一天造成的！
原來如此！

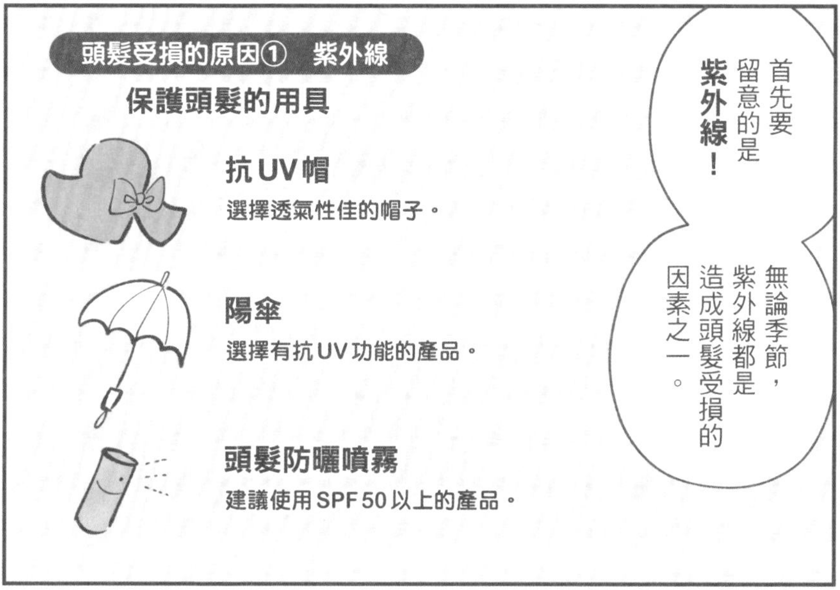
首先要留意的是紫外線！
無論季節，紫外線都是造成頭髮受損的因素之一。
頭髮受損的原因① 紫外線
保護頭髮的用具
抗UV帽
選擇透氣性佳的帽子。
陽傘
選擇有抗UV功能的產品。
頭髮防曬噴霧
建議使用SPF50以上的產品。

震驚！
陰天和冬天都不能掉以輕心！

覺得今天幾乎都在室內就不做防護，其實是錯誤的。
紫外線會透過窗戶照進房子內，用防曬噴霧才能確實做好防護！
UV

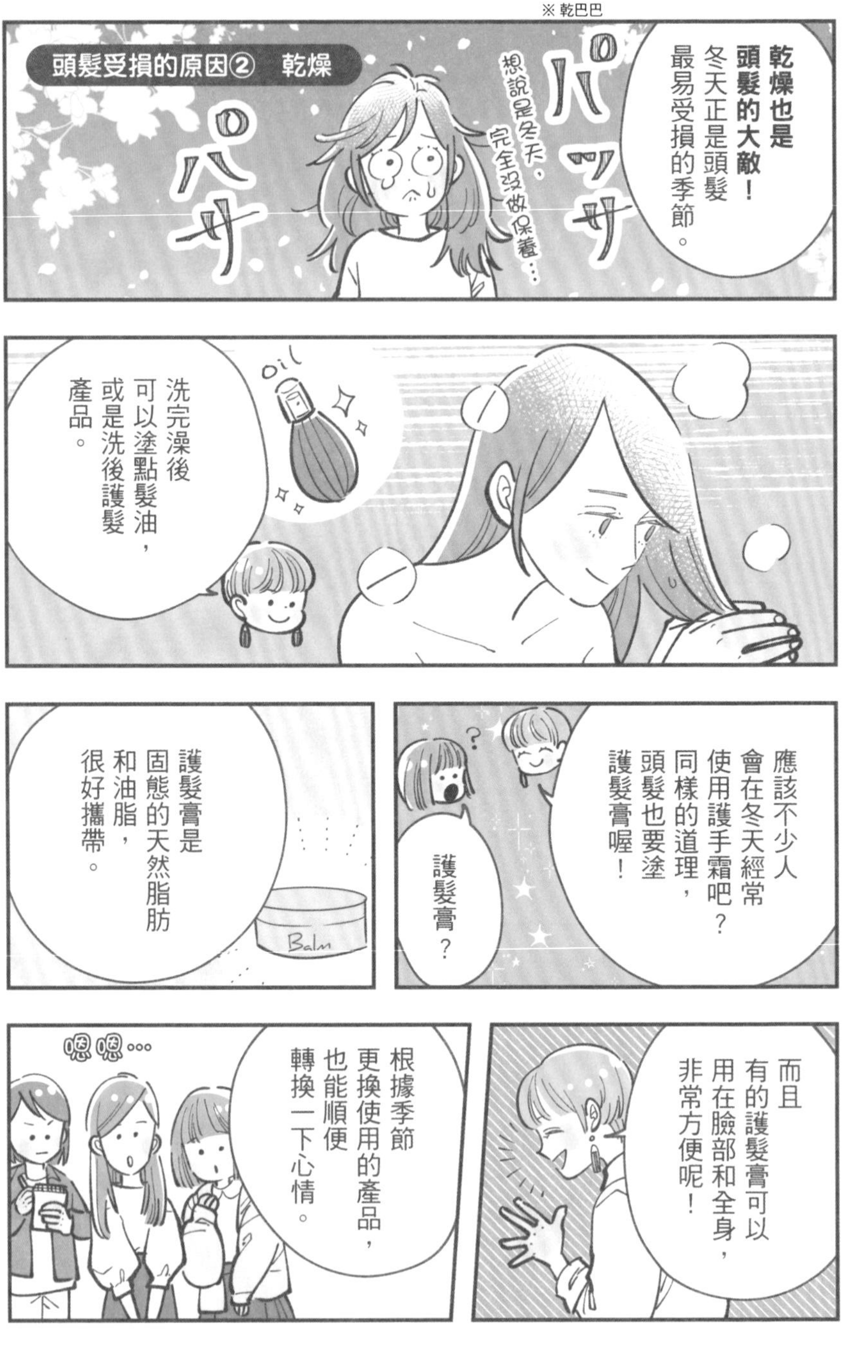
※ 乾巴巴
頭髮受損的原因② 乾燥
乾燥也是頭髮的大敵！冬天正是頭髮最易受損的季節。
パッサ
パサ
想說是冬天，完全沒做保養…
Oil
洗完澡後可以塗點髮油，或是洗後護髮產品。
應該不少人會在冬天經常使用護手霜吧？同樣的道理，頭髮也要塗護髮膏喔！
護髮膏？
護髮膏是固態的天然脂肪和油脂，很好攜帶。
Balm
而且有的護髮膏可以用在臉部和全身，非常方便呢！
根據季節更換使用的產品，也能順便轉換一下心情。
嗯嗯…

夏天的話
使用質地輕盈、
香氣清爽的護髮產品，
可以讓人感覺煥然一新。
冬天則建議使用
具有保濕效果、質地濃稠、
香氣濃郁的產品。
冬天很容易頭髮乾燥，
覺得「好像有點厚重」的產品
剛好可以在這時使用。
喜歡的香氣
可以帶來
放鬆的效果，
試著配合季節
尋找香氣和質地
都喜歡的產品吧！

頭髮受損的原因③ 冰冷
還有一點，許多女性有畏寒的問題…
這裡～
就是我！
就連夏天也會手腳冰冷…
身體覺得冷，代表頭皮的血液循環也會變差！因此，身體虛寒頭髮也會長不好。
暖呼呼
暖呼呼
有這個問題的人建議不要只沖澡，可以每天泡澡讓身體暖和一下。
喝點可以暖身體的漢方飲料，對頭髮也有幫助喔。
溫開水也不錯！
平常就養成不讓身體受寒的習慣相當重要！

對身體做好由外而內的日常保養，才能好好保護頭髮。
半年後才哭著開始保養，就很難恢復到原貌了。
不敢說話…
默默…
總之，平時就做好保養，關鍵是
而且保養方式愈正確，頭髮更能顯而易見地變得柔順美麗。
果然美貌的背後是好習慣的堅持！
我要加油……！
握拳
現在很認真在保養頭髮了，期待半年後的改變…♪
雀躍不已
握拳

白髮、髮量稀疏、產後脫髮……頭髮問題和荷爾蒙失衡有關!?

靠飲食減少白頭髮！

女性大多在30歲後半開始，會感覺到頭髮的變化。隨著年齡增長，體內荷爾蒙開始失衡後，頭髮便會容易失去光澤、彈性，甚至變得稀疏。其中最具代表性的煩惱，就是「白頭髮」了。雖說最近不少人推崇自然灰髮的美，但還是很在意的話，可以先從飲食方面著手。白髮的成因在於髮根「毛囊球」內的黑色素細胞無法製造黑色素；而製造黑色素必須有充足的營養，因此需要攝取均衡的飲食。除了前面提過的蛋白質，還要留意鈣及銅的攝取，才能活化黑色素細胞。

荷爾蒙失調造成的頭髮困擾，還包括產後脫髮。一般來說，女性會在產後半年

女性荷爾蒙分泌量對頭髮的影響

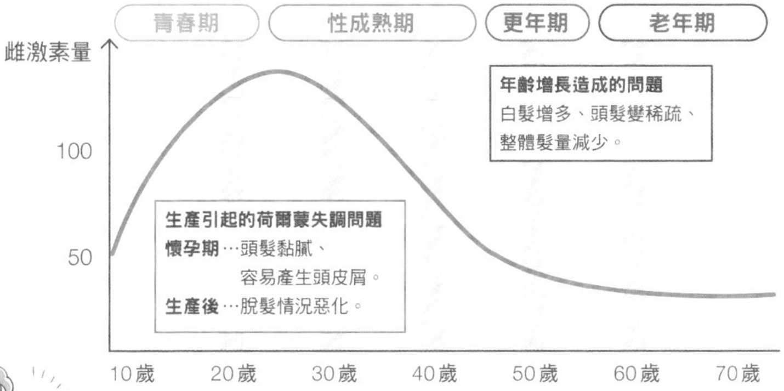
青春期
性成熟期
更年期
老年期
雌激素量
100
50
10歲
20歲
30歲
40歲
50歲
60歲
70歲
年齡增長造成的問題
白髮增多、頭髮變稀疏、
整體髮量減少。
生產引起的荷爾蒙失調問題
懷孕期…頭髮黏膩、
容易產生頭皮屑。
生產後…脫髮情況惡化。

男性的困擾大多是頭髮稀疏。
除了男性荷爾蒙，也可能是受到遺傳影響。
建議男性可以從頭皮按摩開始，促進頭皮的血液循環。

開始大量脫髮，約2年就能恢復；但是30歲後半才生產的話，正好與年齡造成的頭髮變化重疊，很可能無法恢復正常髮量。

無論如何，**要想調節荷爾蒙平衡，首要條件就是打好基礎、調整生活習慣！**

照著漫畫中的說明，試著配合季節調整保養方式吧。

總結

荷爾蒙平衡和頭髮狀態息息相關。
養成好習慣，善待自己吧！

episode. 10

頭髮造型品要如何區分使用？

今天要3個人一起出門玩～
頭髮就擦看看造型用的髮油好了～
嗚啊！
怎麼會～！

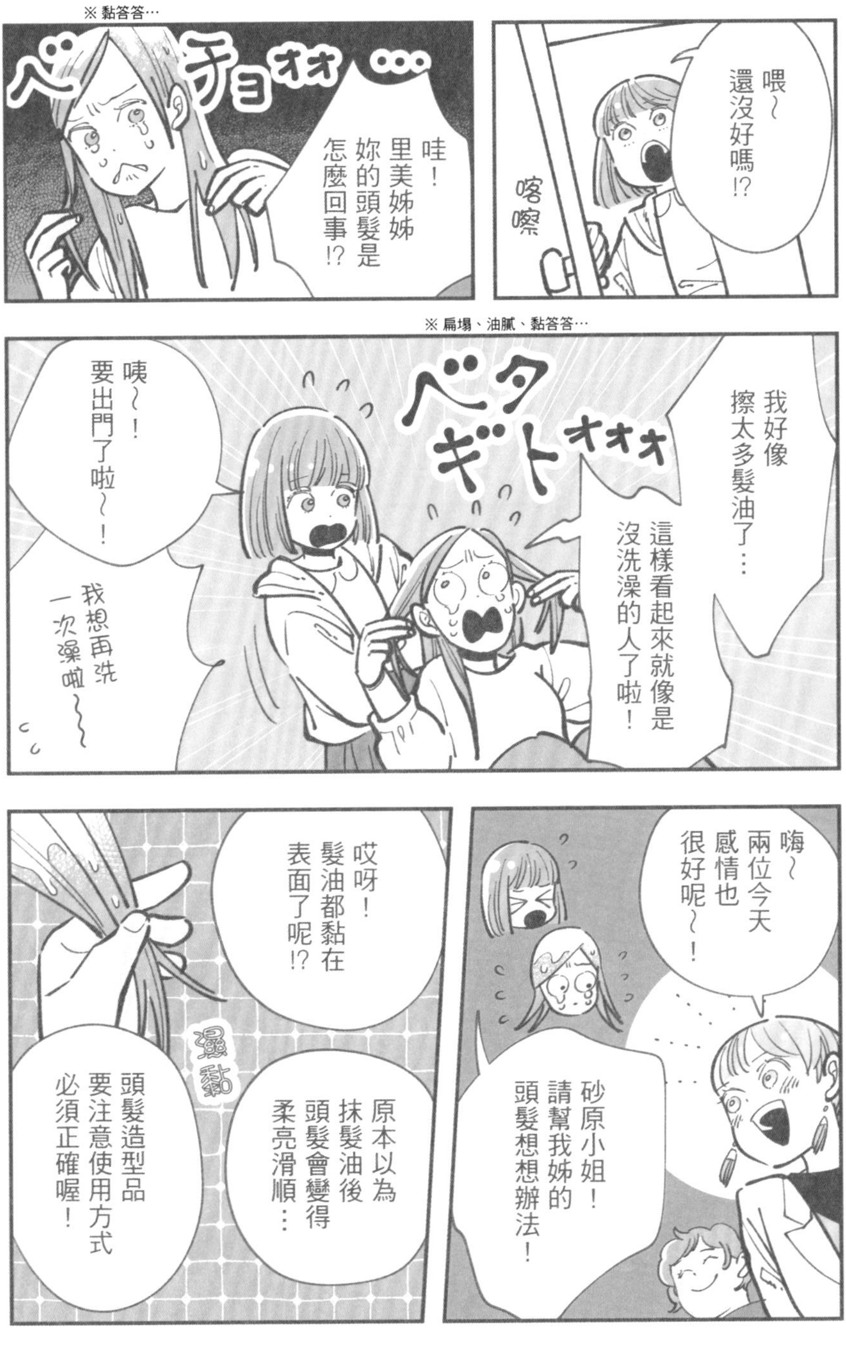
喀嚓
喂～還沒好嗎!?
ベチョォォ…
※黏答答…
哇！里美姊姊妳的頭髮是怎麼回事!?
我好像擦太多髮油了……
ベタギトォォォ
※扁塌、油膩、黏答答…
這樣看起來就像是沒洗澡的人了啦！
咦～！要出門了啦～！
我想再洗一次澡啦～～
嗨～兩位今天感情也很好呢～！
砂原小姐！請幫我姊的頭髮想想辦法！
哎呀！髮油都黏在表面了呢!?
原本以為抹髮油後頭髮會變得柔亮滑順…
濕黏
頭髮造型品要注意使用方式必須正確喔！

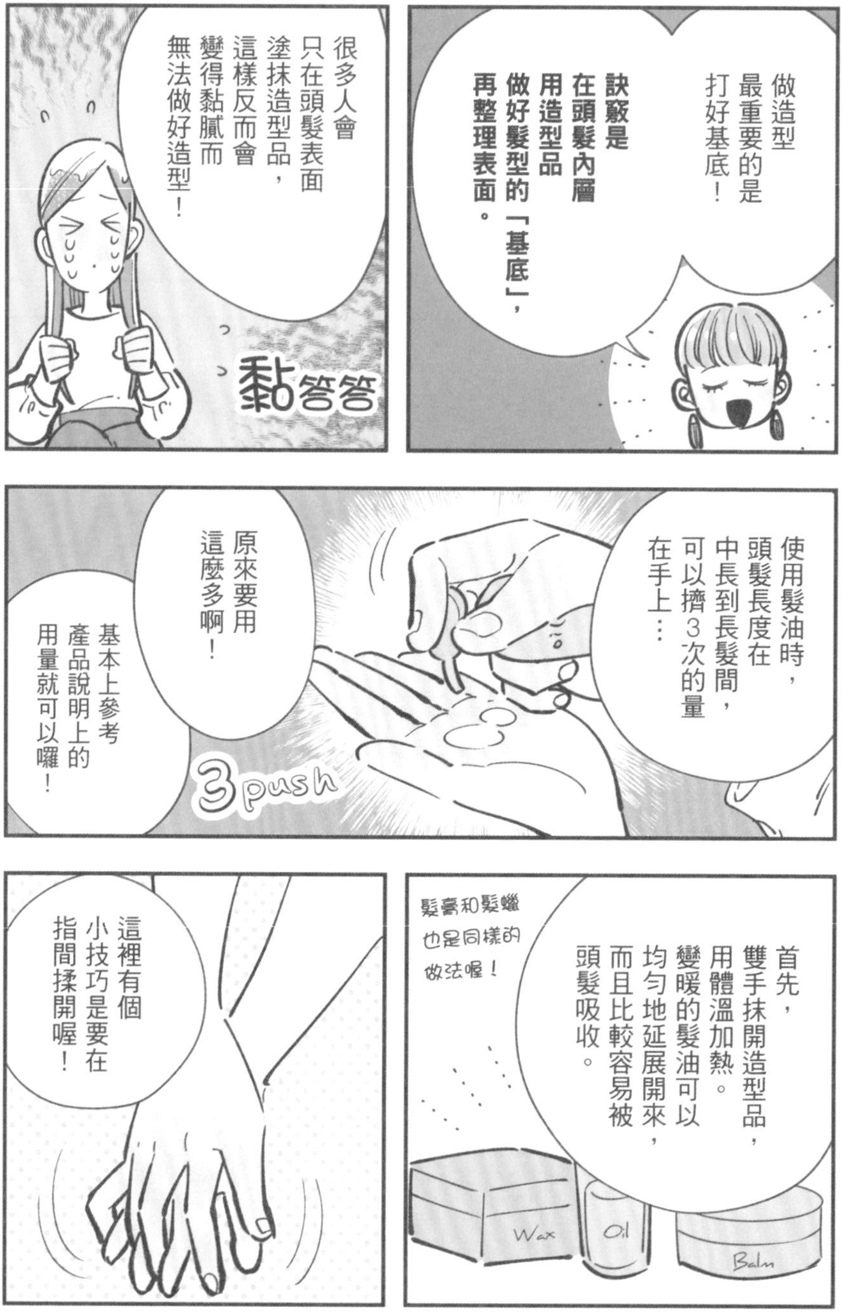
做造型最重要的是打好基底！
訣竅是在頭髮內層用造型品做好髮型的「基底」，再整理表面。
很多人會只在頭髮表面塗抹造型品，這樣反而會變得黏膩而無法做好造型！
黏答答
使用髮油時，頭髮長度在中長到長髮間，可以擠3次的量在手上…
3push
原來要用這麼多啊！
基本上參考產品說明上的用量就可以囉！
首先，雙手抹開造型品，用體溫加熱。變暖的髮油可以均勻地延展開來，而且比較容易被頭髮吸收。
髮膏和髮蠟也是同樣的做法喔！
Wax
Oil
Balm
這裡有個小技巧是要在指間揉開喔！

造型步驟

STEP 1 從頭髮後方（後頸髮際一帶的頭髮）開始搓揉塗抹

STEP 2 再搓揉塗抹於側邊頭髮的內層

STEP 3 將臉周及表面的頭髮、髮尾整理整齊

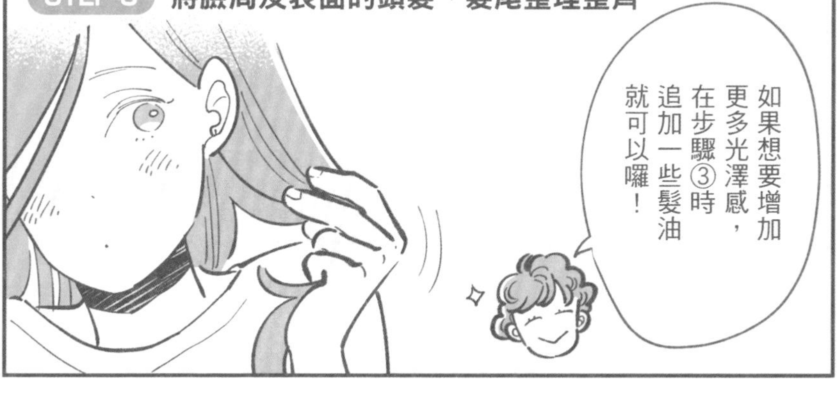

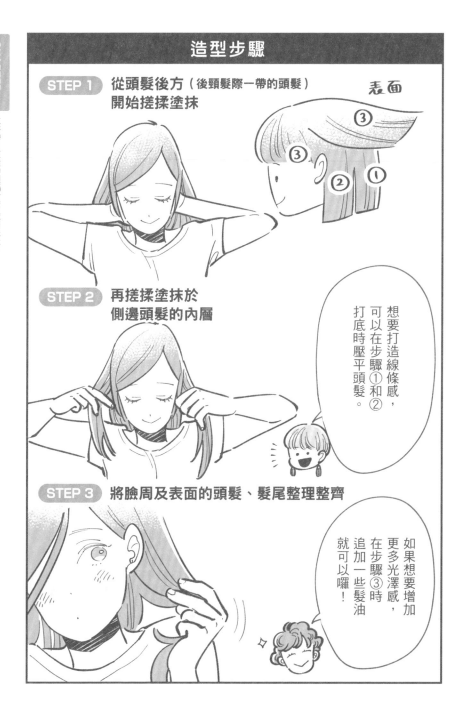

造型品有好多種類，要如何區分使用呢？
一般而言有髮油、髮膏、噴霧、髮蠟等，依據自己想要的造型選擇就好。
髮油
wet
Oil
oil
細軟髮和髮量較少的人容易有頭髮扁塌的困擾，可以使用質地輕盈的髮油集中塗抹在髮尾。
・推薦髮量多、髮質硬的人使用。
・幾乎沒有定型功能，但是能打造出自然的線條。
・可以營造出濕潤的質感。
・可以帶出光澤感。
髮膏
Balm
Balm
髮膏便於使用，因此愈來愈多人都開始用囉！
・推薦髮量多、髮質較硬的人使用。
・可以防止頭髮蓬亂，也容易做出線條感。
・許多髮膏也能用來擦身體。
線條感

噴霧

Spray
如果不是要做非常完整的造型，只在臉部周圍使用造型品，會更自然也更符合現在流行的風格喔！

- 噴霧以定型力強的產品居多，不過也有不能定型、可增添光澤感的產品。
- 固定臉周髮絲及整體造型時很好用。

髮蠟

Wax
wax
髮蠟的質感乾爽輕盈，適合髮量少且髮質細軟的人使用！
頭髮厚重、粗硬、偏長的人，較適合軟膏狀或乳液狀髮蠟。

- 有乳霜狀和纖維感等各式各樣的質感，定型力也有輕盈到硬挺之別。
- 相較於其他造型品，定型力較強。
- 很好用來整理瀏海或增加髮型的動態感。

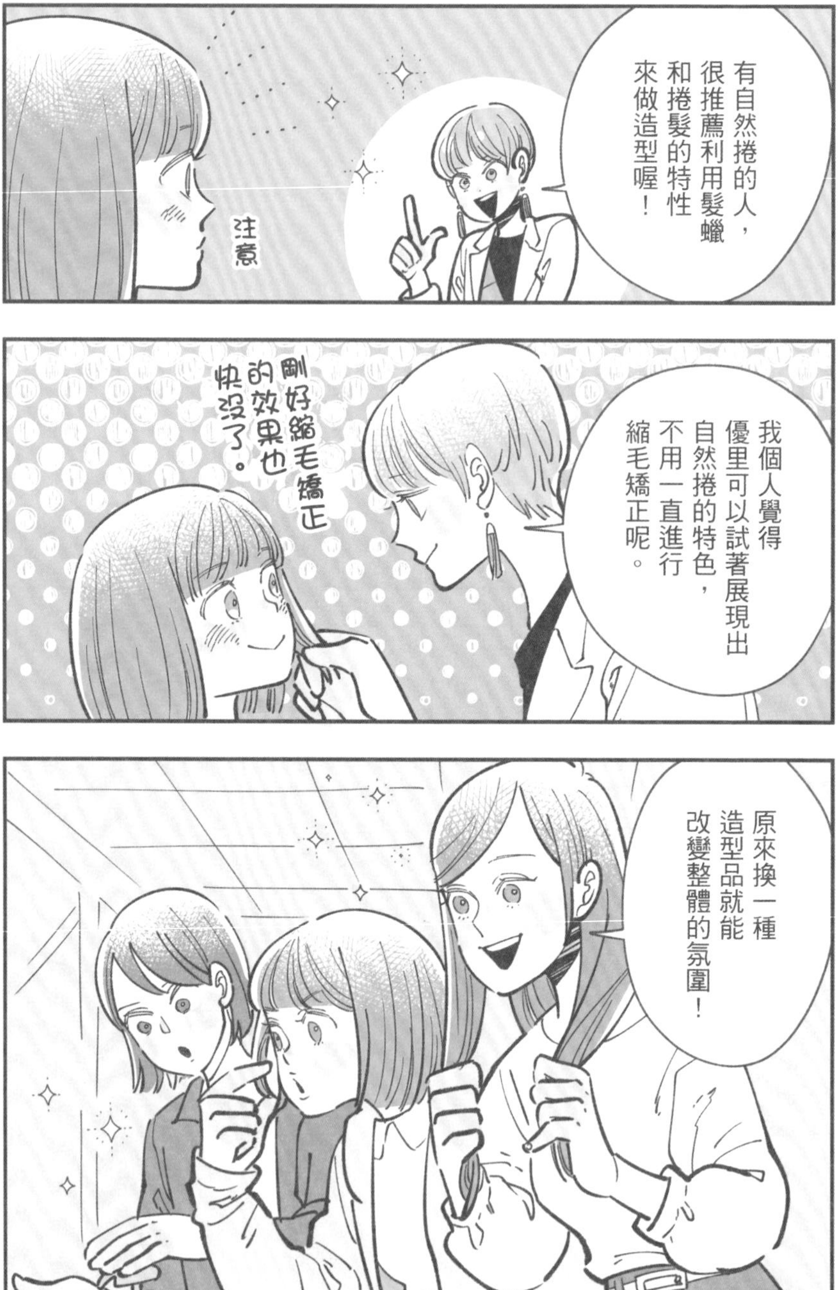
有自然捲的人，很推薦利用髮蠟和捲髮的特性來做造型喔！
注意
我個人覺得優里可以試著展現出自然捲的特色，不用一直進行縮毛矯正呢。
剛好縮毛矯正的效果也快沒了。
原來換一種造型品就能改變整體的氛圍！

還有，使用造型品之前先用電棒捲將髮尾、瀏海、側邊頭髮稍微燙捲，也能做出不同的感覺喔。
不錯耶！
好可愛～♡
想像一下自己想要什麼髮型再來挑選造型品是很重要的喔！
試著挑戰看看不同的造型吧！
我想做這種感覺的髮型…
這種就要將髮膏均勻塗抹在頭髮上…
嗯嗯！

請依「想要呈現的效果」來選擇頭髮造型品

現在流行的造型品不一定適合你

髮膏、髮油、髮蠟、噴霧等各式各樣的產品，都可以統稱為「造型品」。隨著髮型的流行變化，主流的造型品也會有所不同。近年來濕潤感的髮型當道，髮油和帶點光澤感的髮膏便非常受歡迎。可能有不少人在網路社群、各大媒體及實體店面看到，就「不知不覺」入手了。

但是，請等一下！這些「當紅造型品」真的能打造出你想要的髮型嗎？若是想要展現出頭髮的動態感，就應該選髮蠟；想要固定瀏海的話，定型噴霧才是最佳選擇。請大家先不考慮時下流行，參考左頁上表，找出適合自己的造型品吧！

哪個才是最適合你的造型品呢？

	造型品	特色	髮型
定型力高	髮蠟	具有各式各樣的質感， 可以打造動感的髮流， 且有增添髮量的效果。	短髮～長鮑伯頭 尤其適合短髮；中長髮以上可塗抹髮尾帶出動態感。
	噴霧	以造型持久的產品居多， 有的產品可打造出空氣感。 適合用於瀏海、加固容易鬆散的造型。	捲髮、盤髮、瀏海造型
	髮膠	可以維持造型的硬挺效果， 同時營造出濕潤感。	超短髮～短髮
	慕斯	可以維持造型， 又能帶出適度的光澤及輕盈感。 適合增添捲髮的俏麗特性。	各種長度都OK 可增添自然捲或燙捲髮的特色。
造型自然	髮膏	少量就能帶出自然的光澤感； 用量多時可營造出濕潤感。 有的產品能同時用在嘴唇、手及身體上。	短髮～中長髮 長髮的人建議集中使用於瀏海及髮尾等處即可。
	髮油	壓低髮量，打造光澤滑順的秀髮。	長鮑伯頭～長髮
	髮乳	可讓頭髮變得整齊有光澤， 質感比髮油更自然、柔和。	長鮑伯頭～長髮 適合用於燙成小捲的頭髮。

※ 頭髮長度詳見 126 頁。

另外，單用造型品無法做出各種變化，**想嘗試更多風格的話，推薦搭配平板夾使用**。平板夾用起來比電棒捲簡單，很適合初學者；不僅能夾直頭髮，還能打造出自然的線條感。

使用訣竅是不要試圖夾一次就完成線條造型，輕輕夾住、朝想要的髮流方向燙3次左右，就能輕鬆做出與眾不同的造型囉！

總結

先確定自己想要的風格，再以此為基礎挑選適合的造型品。

episode. 11

根據受損、自然捲等不同的頭髮煩惱設計專屬的打理方式！

無論是保養
還是做造型……

根據髮質調整做法都是很重要的，對吧？
沒錯！正視自己的頭髮困擾，才是通往美麗的捷徑。
現在開始重新根據髮質與頭髮的煩惱設計適合自己的專屬打理方式吧！

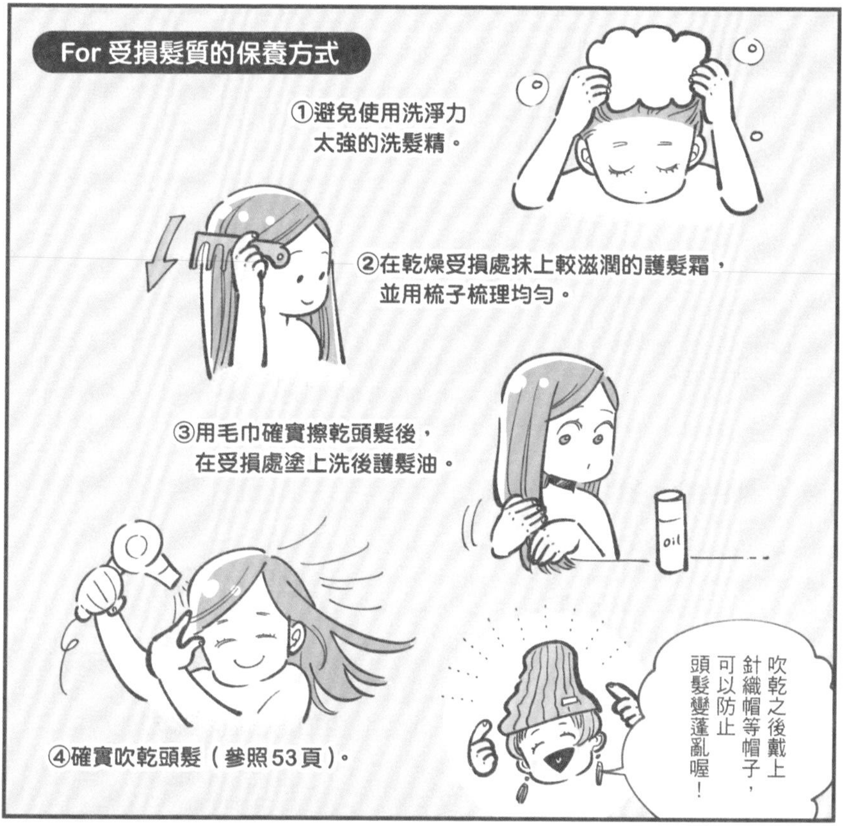
For 受損髮質的保養方式
①避免使用洗淨力太強的洗髮精。
②在乾燥受損處抹上較滋潤的護髮霜，並用梳子梳理均勻。
③用毛巾確實擦乾頭髮後，在受損處塗上洗後護髮油。
oil
④確實吹乾頭髮（參照53頁）。
吹乾之後戴上針織帽等帽子，可以防止頭髮變蓬亂喔！

For 受損髮質的造型方式
推薦的造型品
・可營造光澤感的髮油
・髮膏
・髮乳
建議使用高保濕力的造型品。
可打造出光澤的濕潤質感比較能修飾受損的頭髮，也符合時下流行。
oil
Balm

For 自然捲髮質的保養方式

①使用高保濕的洗髮精，
搭配護髮霜輕柔地按摩。

②讓護髮霜
靜置2～3分鐘，
滲透至頭髮內層。

③吹頭髮之前，
擦上質地豐潤的髮油
可減輕捲曲的情況。

善用捲髮特性的吹乾方式

吹乾時用手掌
輕輕捧住髮尾，
用吹風機吹乾
手掌上的頭髮。

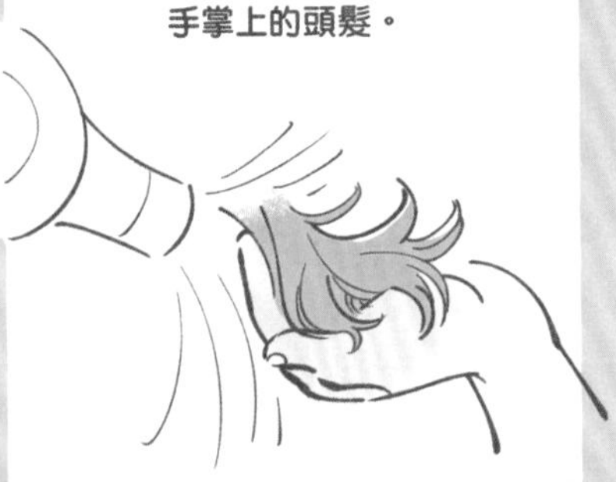

拉直捲髮的吹乾方式

用大拇指和食指
夾住頭髮，
一邊往髮尾的
方向滑過
一邊吹乾頭髮。

For 自然捲髮質的造型方式

推薦的造型品
- 髮蠟
- 慕斯
- 較硬的髮膏

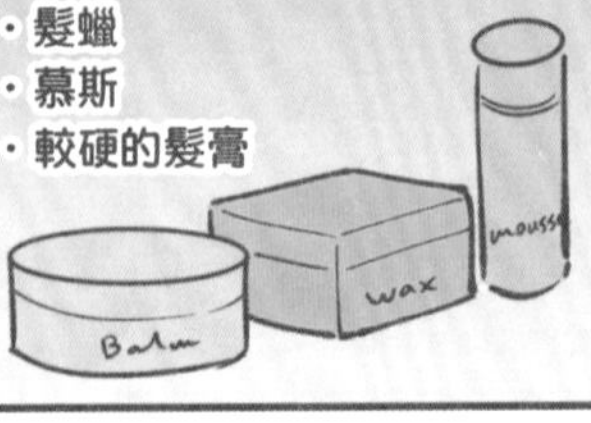

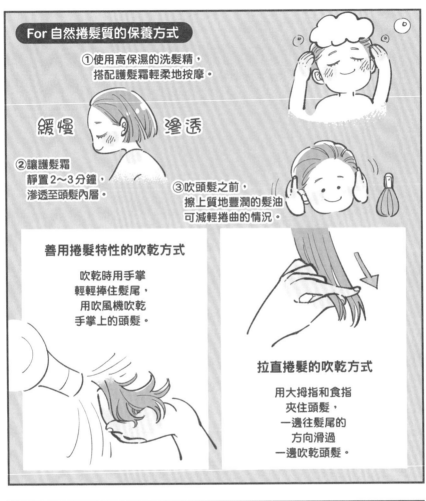

For 髮量少的保養方式
①選擇主打保養頭皮的
洗髮精及護髮霜。
scalp
②充分地按摩頭皮，
活絡頭皮的血液循環。
③塗抹質地輕盈的
洗後護髮油。
out bath oil
增加髮量的吹乾方式
想要營造出頭髮的蓬鬆感，
可以從各個方向由下往上吹，
將頭髮吹乾。
髮量較少的人
非常需要
留意吹乾的方式！
從各個方向吹頭髮…

For 髮量少的造型方式
推薦的造型品
・髮蠟
・偏硬的髮膏
推薦使用
質地輕盈又有
定型力的造型品，
打造動態感。
wax

吹乾頭髮的方法原來這麼重要啊！
在美髮店除了觀察設計師做造型的技巧，也可以多加留意吹風機的使用方式喔。
特別是自然捲和髮量少的人，可以說在吹乾的階段就決定了頭髮的造型喔！
還有一點，不用光是屈就髮質，配合自己想要的形象打造出髮型，才是最理想的！
以髮油營造光澤感，讓頭髮整體呈現滑順柔亮的感覺！
用吹風機改變分線，再用髮蠟增加動態感，看起來更有型！
覺得自己沒辦法做出精緻髮型，也可以稍微改變瀏海的造型就好！
很多時候稍微剪短頭髮就不會有人發現，但只是改變瀏海的造型，就一定會有人說：「你剪頭髮了！」
瀏海給人的印象就是這麼強烈喔。
形象大轉變!!

不僅解決頭髮煩惱，還能打造新髮型、發現新的造型方法，真的好開心！
對吧！向常去的美髮店請教適合自己的保養及造型方式，也是成為理想中自己的捷徑喔。
開門
非常謝謝砂原小姐!!
關門
難得做了不錯的造型……
現在就重振精神，一起出門玩吧!!
聽說車站前有間新開的鬆餅店很好吃呢。
好像不錯！就去那裡吧♡

有頭髮困擾的人可以反向思考，享受打造髮型的樂趣

試著思考如何活用這些煩惱吧！

有沒有人總是苦惱於稀疏的頭髮、乾燥受損或自然捲的髮質，卻只能哀歎：「為什麼我的頭髮會是這樣……」其實，除了找到最適合自身頭髮的保養方式，也可以試著進行反向思考來活用這些煩惱。舉例來說，有頭髮乾燥問題的人，反而可以這樣想：「乾燥髮質正好可以作為濕髮造型的基底，太棒了！」使用髮膏、髮油等做造型時，還能防止乾燥，可說是一石二鳥。

有自然捲問題的人，則可以充分展現出有個性的捲髮特色，試著將髮尾輕輕包裹在手中，將吹風機的風口對準手心吹乾頭髮。

轉化頭髮困擾的造型技巧！

乾燥受損

用毛巾擦乾後、吹頭髮之前，塗上洗後護髮油或護髮乳，防止吹乾過程中的熱傷害。可依個人喜好選擇造型品，不過展現濕髮質感的造型品較能修飾受損髮質。

自然捲

頭皮稍微吹乾後，用梳齒較寬的梳子梳開頭髮，再將水分較多的慕絲集中塗抹於髮尾，讓髮尾自然乾燥，就能自然地展現捲髮造型。

髮量偏多或偏少

吹乾的過程是關鍵。髮量少的話，可從各個方向由下往上吹乾髮根；髮量多的話，可邊吹邊用手從上方壓住頭髮。最後用質地輕盈的造型品，增加頭髮的動態感。

髮量偏少的人，則比較容易做出髮尾靈動的造型。吹頭髮時立起髮根，再將具定型力的髮蠟揉進髮根，就能為整體造型增加層次變化。

總而言之，想要成功做出髮型，關鍵就在於吹乾頭髮的技巧，造型品只是幫助完成造型並維持效果。參考本書介紹的方法，找到適合自己的吹乾方式後，也請和自己常指定的設計師討論喔！

總結

乾燥、自然捲、髮量偏少等煩惱，都能透過造型轉變為優點。

COLUMN

接近「理想的自己」!

讓染髮成為你的助力

即使是同一個人，深髮色時就會給人沉穩的印象，明亮的髮色時就會給人開朗的印象。由此可知。髮色對外在形象的影響是非常大的！

因此，如果你正在考慮要改變自己的形象，請務必將改變髮色考慮進去。

總的來說，紅色或橙色系等暖色調，染得愈明亮，愈能給人陽光且充滿活力的印象；灰色或橄欖色系等，則是色調愈低調，愈能呈現出沉穩內斂的氛圍。不過，每個人適合的髮色會因皮膚及眼睛的顏色而異。最近不少設計師身兼個人色彩分析師，可以先撇除你常染的髮色，試著和熟悉的設計師聊，聽聽看專業人士的客觀建議。

另外，前往美髮店前，建議先思考：「希望給人怎樣的印象？」「想成為怎樣的人？」每個人理想的模樣都不同，有的人想要看起來精明幹練、有的人則想要可愛俏麗。大概想一下上述問題再和設計師討論，會更容易達成理想中的造型喔！ 現在開始找個可以商量的設計師，討論自己理想中的形象並加以實現，享受設計髮型的樂趣吧。

CHAPTER 4

透過髮型成為理想中的自己！

「頭髮」其實擁有
讓人生變得更快樂、
引導自己前往心之所向的力量。
這個章節要告訴大家
如何找到改變人生的髮型。

episode. 12

找到你的心動髮型！

我原本總是認為
自己本來就長得
樸素不起眼……

不過，和砂原小姐學習並開始注意頭髮保養之後，
隨著頭髮狀態變好，我也變得更有自信且更積極了…！

我現在感覺人生非常快樂！
握
改變髮型說不定能變得更漂亮…！
但、但是…我又有點害怕改變…
哎呀…！妳的表情看起來很複雜耶～
砂原小姐！我很擔心改變形象會失敗，所以一直維持著安全的深色半長髮…
但是，我現在想試著改變自己！不知道有沒有適合我的髮型…
適合妳的髮型啊…
這麼說，里美小姐想成為怎樣的人呢？
嗯～～
咦!? 怎樣的人…？
突然被問到，好像也說不上來。

改變形象重要的第一步，就是在心中預先描繪出自己理想的模樣！
頭髮就像一種可以瞬間改變自己形象的魔法，
周圍的人也會從髮型來評斷妳給人的印象。
例如，這個人是不是追求流行、個性嚴謹、愛乾淨等等。
舉例來說，想要看起來工作能力很好、想更有異性緣或是看起來擅長交際等等，什麼都行！
設定好自己理想中的模樣，就是找到「合適髮型」根本的辦法喔！
我想變成看起來很親切的人！
想像理想中的模樣，再尋找適合的髮型並嘗試改變。
改變髮型後，就會漸漸接近理想中的樣子。
周圍的人開始感受到後，自己的內心層面也會出現變化。
對自己更有自信，讓人生朝著自己所想的方向前進。
砂原流推測設計
（Speculative Design）

只要改變髮型風格，一定能成為理想中的自己。
我最近確實常常被說好像變開朗了或是變得更好親近了⋯⋯！
雖然只是頭髮卻不容小覷呢⋯
我也想變得更加耀眼！
想看見自己更多的可能性！
配合客人理想的模樣設計適合的髮型，就是我的工作啦！
這件事交給我吧！
設計型錄

想想理想中的形象和髮型吧！

對於理想的形象很迷茫的話，不妨參考看看下列圖表！

想成為怎樣的人？

充滿活力的人　開朗的人　可靠的人
有個性的人　青春洋溢的人　受歡迎的人　時髦的人
爽朗的人　優雅的人　帥氣的人
清純的人　有品味的人　知性的人　華麗的人

風格（氛圍）

可愛　成熟又不失可愛感　成熟
冷酷　性感　溫柔　運動風
俐落　時尚　自然
甜美　簡約　休閒　男性化

頭髮長度

超短髮（耳上）　短髮（稍微遮住耳朵）　短鮑伯頭（耳下到下巴）
長鮑伯頭（下巴到肩上）　中長髮（超過肩膀到鎖骨間）
半長髮（過肩不及腰）　長髮

關鍵字組合範例

時髦的人

時尚

長髮

↓

帶有厚度的長髮較有時尚感，重點區域挑染能給人時髦的感覺。

可靠的人

成熟又不失可愛感

半長髮

↓

髮色選擇基本的深棕色與局部黑色，以臉周的層次剪打造大人感的可愛風。

開朗的人

可愛

長鮑伯頭

↓

選擇自然的髮色，建議搭配薄透的空氣瀏海。

有個性的人

溫柔

短髮

↓

打造臉周分線及髮束感，會給人個性鮮明的強烈印象。推薦染亮髮色。

青春洋溢的人

男性化

短髮

↓

稍微剃短側邊頭髮，呈現帥氣的感覺。

受歡迎的人

性感

長鮑伯頭

↓

髮色選擇不會太暗的棕色系，以自然的捲度營造出性感氛圍。

突然想到，由美姊姊好像說過想剪右長左短的不對稱瀏海…
不過因為接近40歲了，不知道這麼有個性的髮型適不適合自己。
聽起來很棒呀！想做的話就大膽去做吧！
之前由美小姐也跟我說過：「想要在工作時給人更平易近人的印象。」其實這只要留個休閒點的髮型就可以了！
而且頭髮很快就會留長了，不多試試各種髮型就太可惜了！
握拳
說得也是呢！
我來跟由美姊姊說！

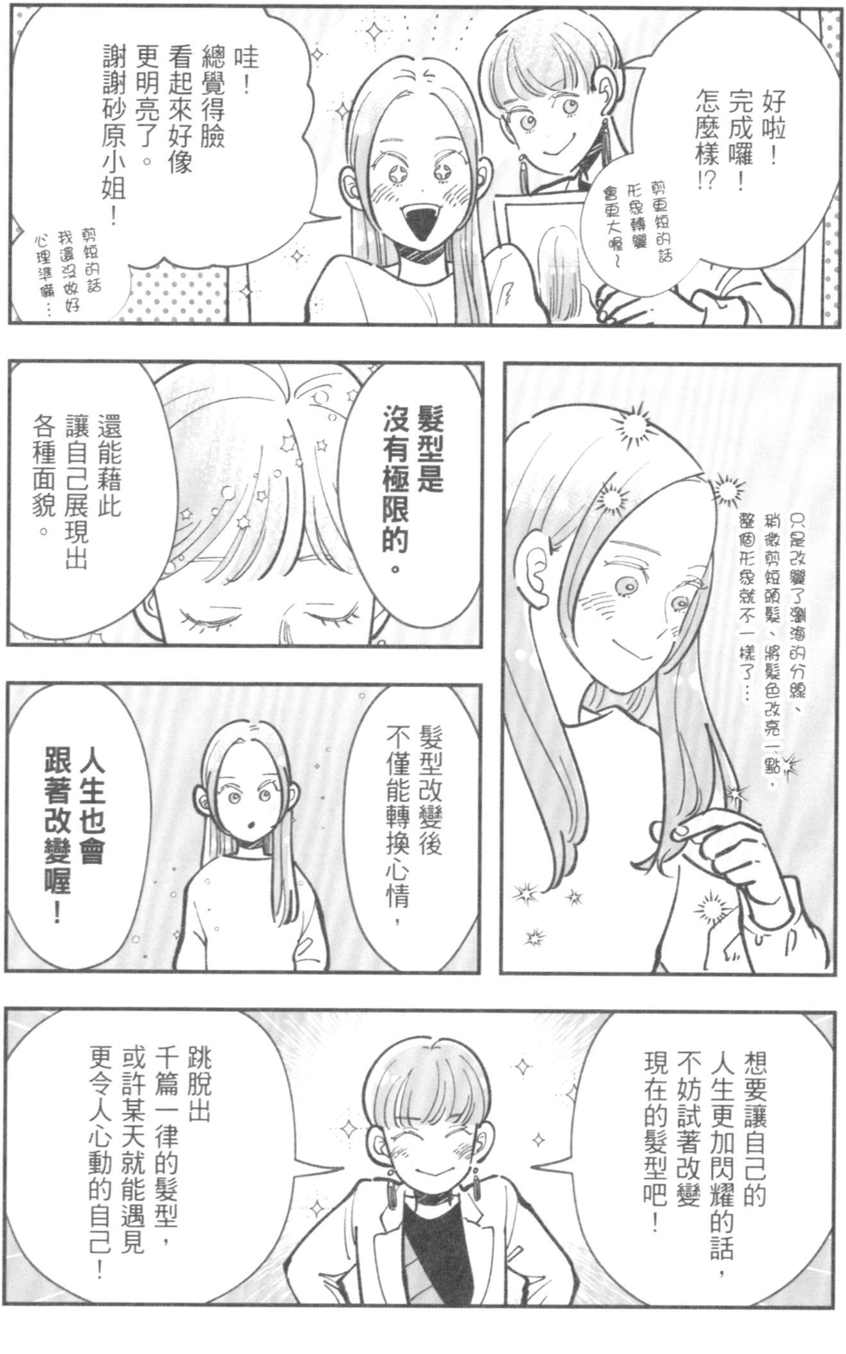
好啦！完成囉！怎麼樣!?
剪更短的話形象轉變會更大喔～
哇！總覺得臉看起來好像更明亮了。謝謝砂原小姐！
剪短的話我還沒做好心理準備…
只是改變了瀏海的分線、稍微剪短頭髮、將髮色改亮一點，整個形象就不一樣了…
髮型是沒有極限的。
還能藉此讓自己展現出各種面貌。
髮型改變後不僅能轉換心情，
人生也會跟著改變喔！
想要讓自己的人生更加閃耀的話，不妨試著改變現在的髮型吧！
跳脫出千篇一律的髮型，或許某天就能遇見更令人心動的自己！

想要改變自己，就從改變髮型開始！

改變自身形象的「髮型魔法」

如果你想改變自己，或是想要將來變成某個模樣，非常推薦先從改變髮型開始。頭髮具有魔力，能一瞬間就改變一個人的印象。換言之，**人生是可以透過頭髮改變的**。大家知道著名的心理學理論「麥拉賓法則」嗎？人與人的溝通過程中，比起談話內容、聲音和節奏等聽覺情報，外觀帶來的視覺情報對人的影響更大。無論好壞與否，映照在他人眼中的姿態，就代表著自己給人的印象。因此，先思考理想中的自己（想給別人的印象），再由此逆推適合的髮型，就能改變自己。

那麼，你希望自己看起來是「怎樣的人」呢？

想要在哪些場合、以怎樣的方式閃耀光芒呢？

不需要客氣，你可以盡情地想像理想的模樣。如果是值得信賴的設計師，肯定**能結合你本身的髮質條件與外在特質（個性），為你打造出最完美的髮型，實現你理想中的模樣**。如此一來，你就能僅憑髮型的改變，開始往理想的人生方向邁進。**這也是我一直很重視的理念——計畫自己未來的「砂原流推測設計」**。

我至今擔任過許多演員的妝髮設計師，他們從沒沒無聞到自我突破的過程，我都看在眼裡。這些演藝人員的成功當然是基於本身的實力，不過我也深刻地感受到，能襯托出魅力的外表及髮型，也占了很重要的一部分。

現在網路社群普及，正是擅長自我形塑的人得以一步步實現夢想的時代。描繪理想、在髮型的幫助下改變外在，並藉此獲得人生所求事物，已不是藝人的專屬技能。髮型就是有如此意想不到的影響力。希望各位開始思考想成為怎樣的人，朝理想的璀璨人生邁出第一步。

光是改造瀏海，也能改變整體形象

不過，有些人即使有心想改變，仍一時之間想不出理想樣貌。若是如此，不妨先從改造瀏海。

改造瀏海帶來的變身效果非常強大！只是剪短1公分，也能大幅改變整體形象。舉例來說，髮尾齊長的人剪瀏海，就會像換了一個人，周圍的人一定都會發現：「你剪瀏海了！」近年來很流行薄透的空氣瀏海，剪出來就能給人潮流達人的印象！如果想要看起來成熟一點，可以留不會蓋住額頭的長瀏海；想看起來時尚的話，推薦寬幅的齊劉海。

同樣是中長髮，將瀏海剪成短厚的齊瀏海，就能給人可愛有個性的印象；剪成右長左短的斜切不對稱瀏海，則會給人前衛、獨特的感覺。若是擔心特殊的瀏海造型會讓人覺得自我主張強烈、不符合世俗規範，其實只要想著：「**就算剪失敗，等頭髮變長就好了。**」便能輕鬆地挑戰各種髮型。

此外，**頭髮分線的變身效果也不容小覷喔**！中分會顯得知性，八二分的自然髮流則能為表情增添一絲性感魅力，旁分會看起來親切可愛，上梳則是比較率性。如果看膩了現在的髮型，或是感覺莫名提不起興致，都可以試試將頭髮分線改成平常的反邊，相信無論是心情或形象都會有所轉變。

順帶一提，**頭髮分線可以用來判斷一個人的個性和心理狀態喔**。往左分的人偏理性；往右分的人偏感性，更重視「喜歡或不喜歡」等直觀感受。想嘗試不同分線的話，可以趁洗完澡後、吹頭髮前試試看，挑戰中分或瀏海上梳的濕髮造型，發覺自己的新面貌。

總結

描繪出自己想呈現的形象、對未來的願望與理想，然後試著改變髮型吧。覺得有點困難的話，可以先從改造瀏海開始喔！

episode. 13

設計師就是你專屬的指導老師

new hair style
哇啊……
這種感覺如何？
竟然能把我的頭髮弄這麼漂亮！
自然捲一直讓我感到自卑，沒想到能利用這點變得俏麗，太感謝了！
我作為插畫家，難免會想展現出品味很好的樣子～其實以前就很想挑戰這種有個性的風格！
妳喜歡真是太好了！這就是我們設計師的工作啦！

其實我…
以前一直有點害怕去美髮店…
因為設計師都光鮮亮麗的，我個人又有點畏縮，每次想認真討論頭髮問題時，最後都沒辦法好好問出口…
閃亮——
好、好耀眼！
有時候連想要參照的藝人照片都準備好了，卻害羞得不敢跟設計師說……
雖然有想要改變的想法，但遲遲踏不出那一步。

美髮店確實容易給人難以親近的感覺，
但其實可以帶著輕鬆的心情上門喔！
就像是皮膚狀況不好時會找皮膚科醫師諮詢，**美髮店的設計師就是專屬於你的頭髮指導老師**喔！
頭髮指導老師
頭髮的事情就是要找設計師討論！
是這個意思對吧？
像是要用哪種洗髮精或推薦髮型等等，統統都可以問設計師！
抱持著將美髮店利用到極致的心情來吧。

不過我們是很幸運能遇見砂原小姐……其他人要怎麼做才能遇到像砂原小姐這麼棒的設計師呢？
就像剛剛里美小姐說的，前提是要有改變的覺悟！
妳們是不是常有這樣的情況呢？想換髮型、變成全新的自己，最後卻和以前沒兩樣。
完全說中了！
驚嚇！
如果沒有先想好自己理想中的形象，並且下定決心要為此改變，當然就無法遇到能引導自己的設計師了！
這就是砂原流推測設計！
至於做好決心後，要如何找到能幫助自己接近理想樣貌的設計師，可以留意下列重點！
表示「想換新造型」並全權交由設計師時，對方會愉快且自信地提議。
在社群媒體找發布各種髮型作品的設計師。
看到髮型不錯的人，請對方推薦負責的設計師。

還有一點，剪髮之後才能真正確認對方是不是值得信賴的美髮導師。
比以前更常被問到：「頭髮在哪裡剪的？」
被人稱讚「給人留下好印象」
自己在家也能重現同樣的髮型
髮型很持久
尤其是周遭人對新髮型的反應，這相當重要喔！
新髮型是否適合，比起自己更應該相信他人的眼光，而且他人的好評也能增加妳的自信。
我換髮型後，後輩主動來和我講話的次數就變多了…真的很令人開心！
我以前好像給人很難親近的感覺…
我們都是從瞭解保養的知識開始，更關心頭髮的事，也確實感受到人生因此產生的變化呢。
只是改變髮型就能讓人如此樂在其中，
能學到這些真是太棒了！

美髮店會竭力幫助各位成為理想中的自己，歡迎隨時光臨。

希望各位都能體驗到透過髮型改變人生的奇妙經歷！

如何找到命定設計師，讓你展現出自身魅力呢？

設計師是能引導你成為理想中模樣的導師

當你在心中確立了理想形象、決定「想成為怎樣的人」時，就能找到下一個想挑戰的髮型，或是憧憬的目標人物。這時，就可以和你熟悉的設計師聊聊了。

想想看，**你的設計師是否都會認真傾聽你的需求，並且充滿自信地提出獨一無二的設計想法呢？**如果答案是肯定的，那他一定能為你打開一道新的大門，成為導師般的存在！相反地，若對方無法給出合適的建議，不妨造訪其他美髮店看看。

我常常聽到這樣的煩惱：「雖然做出了理想髮型，卻沒辦法自己在家中重現。」

為了避免這種情況，**我在幫忙做造型前，都會先詢問客人的頭髮煩惱、平常是否有**

（討論理想形象時的溝通技巧）

1. 清楚傳達理想形象

・告訴對方自己想成為什麼樣子，
例如：看起來更外向、顯得工作上精明幹練等等。

2. 清楚傳達平常的造型及生活習慣

・告訴對方自己平常會做的造型及生活習慣，
例如：會用髮蠟做造型、早上沒時間整理頭髮等。

3. 記得提出無法做的造型

・若有無法做的造型一定要告訴對方，
例如：對染髮劑過敏、從事職業不適合亮色頭髮等。

雖然能拿折扣省錢是好事，
但首要前提還是要找
能幫助自己更接近
理想形象的設計師喔！

時間做造型、想不想自己做點髮型變化等等。另外，吹頭髮是決定髮型走向的關鍵階段，建議各位仔細觀察設計師的吹整技巧。有不懂的就大膽詢問、多多依賴設計師吧！若對方無法回應，也可以再去找其他設計師，抱持著這種輕鬆的心情詢問就好。請各位千萬不要放棄尋找，可以對你施以「髮型魔法」、襯托出你個人魅力的命定設計師！

總結

找到可以為你設計出「理想」又「適合」髮型的命定設計師吧！

結語

到目前為止，我接過15萬件以上的頭髮保養、造型諮詢服務。每個人的煩惱都不盡相同，我每天都不間斷地回應，像是幫藝人開發出他們自己也沒發現的魅力、撰寫頭髮諮詢專欄、上美容談話節目、在慶應義塾大學授課，或是在我的美容工作室接待客人。甚至還接過許多「開運髮型」的請託，不過這其實跟超自然力量無關，我只是從外觀來觀察出對方的個性；而一旦激發出個人魅力，周圍的人事物自然會隨之而動，進而改變人生的方向。換言之，頭髮是可以改變人生的。

面對初次見面的人，能在瞬間決定印象的其中一個要素就是「頭髮」。頭髮如同衣服，無論造型多好，如果素材本身的品質不佳，就會顯得廉價。因此，請各位務必提升自己的髮質，養出「美麗秀髮」。只要進行內外兼顧的簡單保養，無論幾歲都能實現你所追求的美麗。頭髮變得愈漂亮，就愈能從保養過程中獲得身心的滿足感。不要執著或沮喪於天生的不足之處，重要的是如何根據想達成的目標，運用並展現自身的頭髮特色，塑造出獨有的美貌！

我服務過的客人，都能很快成為理想中的模樣，並快樂地邁向新的人生。這本書不僅是關於頭髮護理，同時也希望鼓勵大家創造與自己對話的時間，藉此帶來「發現未知自己」的靈感。如果你開始對尋找新風格、美的呈現方法產生興趣，並能樂在其中地探索，那就是對自己有興趣的證明。請將這份對自己的興趣轉變為自信，帶著愉快的心情與魅力前進吧！

各位若能透過本書的協助變得更有魅力，那就太棒了！期待未來能有機會和大家相見。

UMiTOS／海與砂原美容工作室　代表　妝髮造型師

砂原由彌

STAFF
設計　月足智子
DTP　柏倉真理子
文字　高木さおり
編輯　田中淑美（インプレス）
　　　山角優子（ヴュー企画）
編輯長　和田奈保子

漫畫版
改造受損、毛躁、自然捲髮質！
在家靠基本保養也能擁有柔亮秀髮

出　　版／楓葉社文化事業有限公司
地　　址／新北市板橋區信義路163巷3號10樓
郵政劃撥／19907596　楓書坊文化出版社
網　　址／www.maplebook.com.tw
電　　話／02-2957-6096
傳　　真／02-2957-6435
監　　修／UMiTOS 砂原由彌
漫　　畫／Pepuri
翻　　譯／徐瑜芳
責任編輯／邱凱蓉
內文排版／謝政龍
港澳經銷／泛華發行代理有限公司
定　　價／350元
出版日期／2025年2月

國家圖書館出版品預行編目資料

漫畫版 改造受損、毛躁、自然捲髮質！在家靠基本保養也能擁有柔亮秀髮 / UMiTOS 砂原由彌監修 ; 徐瑜芳譯. -- 初版. -- 新北市 : 楓葉社文化事業有限公司, 2025.2　面 ;　公分

ISBN 978-986-370-768-4（平裝）

1. 美髮 2. 髮型 3. 健康法

425.5　113019919